写给小学生的

二十四节气

春生

申楠 编著

孔學堂書局

图书在版编目（CIP）数据

写给小学生的二十四节气 / 申楠编著. -- 贵阳：孔学堂书局，2025. 4. -- ISBN 978-7-80770-647-2

Ⅰ. P462-49

中国国家版本馆CIP数据核字第20241LL908号

写给小学生的二十四节气　申楠　编著
XIEGEI XIAOXUESHENG DE ERSHISIJIEQI

责任编辑：何兴健　何奕

责任印制：张　莹

出版发行：贵州日报当代融媒体集团

　　　　　孔学堂书局

地　　址：贵阳市乌当区大坡路26号

印　　刷：三河市冀华印务有限公司

开　　本：710mm×1000mm　1/16

字　　数：150千字

印　　张：24

版　　次：2025年4月第1版

印　　次：2025年4月第1次

书　　号：ISBN 978-7-80770-647-2

定　　价：119.00元（全四册）

图书若有质量问题，请拨打以下电话进行调换。

电话：010-59625116

　　节气是中国特有的一种节令，是上古农耕文明的伟大产物。经过一代代人在生产生活中的观察、记录，人们发现了气候、物候之间的变化规律，把一年的时间划成二十四段，再经过不断补充、修订，"二十四节气"慢慢就形成了。

　　过去数千年的时间里，"二十四节气"在指导农耕生产、科学揭示天文气象变化方面发挥了非常重要的作用。此外，二十四节气还结合地方民俗，衍生出大量与时节相应的文化活动，成为我国传统文化非常重要的组成部分。2016 年 11 月，二十四节气成功入选联合国教科文组织人类非物质文化遗产代表作名录。

　　《写给小学生的二十四节气》这套书一共分为《春生》《夏长》《秋收》《冬藏》四册，每册分别介绍了相应季节内的六个节气。为什么春雨总是在夜里才淅沥沥地下？为什么节气里面只有"小满"而没有"大满"？入秋为什么要"贴秋膘"？寒冷的冬天为什么会出现温暖的"小阳春"？诸如此类的问题，你都能在书中获得答案。

　　由于时间仓促，加上编者自身的学识有限，书中难免存在一些不足之处，希望与孩子共读本书的家长、老师、相关专家、学者以及充满好奇心的小朋友们及时给我们指正，以便于再版时修订。

二十四节气·春生

二十四节气 · 夏长

立夏

小满

芒种

夏至

小暑

大暑

二十四节气·秋收

二十四节气 · 冬藏

目录

MU LU

立春

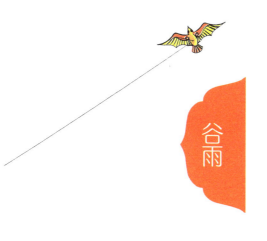

立春

每年公历 2 月 3 日～5 日交节。

立春是二十四节气中的第一个节气，
人们习惯以它作为春季的开始。

立春，原来如此

　　传统节气中一共有"四立"，分别是立春、立夏、立秋、立冬，其中立春还有"打春"的叫法。《月令七十二候集解》这本古书介绍了立春的含义："正月节，立，建始也……立夏秋冬同。"其中，"立"解读为"开始"。

　　作为二十四节气之首，立春的到来意味着万物闭藏的冬季已经过去，风和日暖、万物生长的春天已经来临。立夏、立秋、立冬是一样的道理。这"四立"分别表示农业生产与气候间的具体关系，也就是大家熟知的"春种、夏长、秋收、冬藏"。

立春三候

初候，东风解冻

寒冬去，暖春来。在东风的持续送暖之下，大地开始解冻，万物渐渐苏醒，屋檐上的冰溜子开始消失。这就是"初候，东风解冻"。

二候，蛰虫始振

五天后，在地下蛰居的动物因感受到春天的温暖，僵硬的身体时不时地动一动，这就是"二候，蛰虫始振"。

三候，鱼陟负冰

再经过五日，厚厚的冰面开始融化，水底的鱼儿迫不及待地到水面来吸吸氧气，感受春天的气息，于是便有了"三候，鱼陟负冰"的说法。此时还没有温暖如春的感觉，但人们能明显感受到春天的脚步近了。

立春

雨水　惊蛰　春分　清明　谷雨

七十二候

　　不管是自然界的大树、小草、花朵，还是飞禽、走兽、游鱼，它们都要按照一定的季节和时令来生长、活动，这是我国古人发现的一大秘密。他们发现，植物萌芽、长叶、开花、结果、落叶等变化，动物的蛰眠、复苏、始鸣、繁育、迁徙等行为，以及天气中的打雷、下雨、落霜、降雪等现象，这三者跟季节变化存在某些联系。人们把大自然的这种节律现象叫"物候"，也叫"候应"，简称"候"。今天，不少地方还在根据物候指导农业生产，俗语"花木管时令，鸟鸣报农时"说的就是这个意思。

　　古人规定，每五天对应一个候应，每三个候应对应一个节气，每六个节气对应一个季节，每四个季节对应一年，也就是一年分四季、二十四节气、七十二候应。

　　不过，七十二候是根据黄河流域的地理气候变化编写的，有一定的局限性，不一定适用于每个地方，因此七十二候对现在而言，更多的是一种参考。

一季有六个节气，每节有三个物候，一年有多少候啊？

一六得六，二六十二……

二十四风

二十四风是人们对"二十四番花信风"的简称，那么"花信风"又是什么意思呢？

原来，我国古人注意到，从每年的小寒，到第二年的谷雨，中间这八个节气、二十四候之中，每一候都有几种花卉绽放，给大地点缀上不同的色彩。这些花卉中，有的花期比较准确，仿佛这一候的风带着开花的音信一样，在花骨朵边悄悄地说一句："嘿！该开花了！"那些沉睡的花朵瞬间就精神起来，伸个懒腰，舒展开美丽的花瓣。于是，人们给花开时吹过的风取了一个好听的名字——花信风，意思是带着开花音讯的风候。这样的风候一共有二十四种，因此总称"二十四风"。

和七十二候一样，二十四番花信风不仅反映了花开与时节的关系，更重要的是，人们可以根据它来安排农事，以免耽误了合适的务农时间。

立春

雨水　惊蛰　春分　清明　谷雨

风把花吹开了！

立春花信风

一候迎春

迎春花是春季常见花卉之一，由于它在百花之中最早开放，之后就能迎来百花齐放的春天，于是人们用"迎春"称呼它。

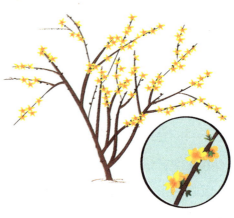

立春

二候樱桃

这里的樱桃是樱桃花，樱桃花的花形偏小，开花后结出的果实樱桃可以食用。

每年公历2月3日～5日交节

三候望春

所谓望春花，就是大家熟悉的白玉兰，是一种高大乔木开的花。望春花最初生长在我国中部地区，现在全国大多数地方都能见到。

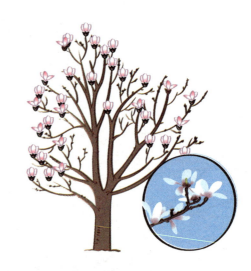

古人说立春

鹧鸪天·游鹅湖醉书酒家壁

宋·辛弃疾

春入平原荠菜花，新耕雨后落群鸦。

多情白发春无奈，晚日青帘酒易赊。

闲意态，细生涯。牛栏西畔有桑麻。

青裙缟袂谁家女，去趁蚕生看外家。

译文

春天来临，平原上的荠菜花盛放。刚刚耕好的土地迎来一场春雨，群鸦在地上觅食。愁绪染白头发，即便春日到来也无可奈何，只好傍晚时分到小酒馆去买酒喝。村民悠闲自在，生活井然有序，牛栏的西边种着桑和麻。那个穿着青色裙子白色衣裳的女子是谁家的？趁着春播前的闲时去看望娘家。

立春古谚语

春打六九头。

立春一日，百草春回。

立春三场雨，遍地都是米。

雨水　惊蛰　春分　清明　谷雨

古老又隆重的春节

立春节气前后有一个非常重要的传统节日——春节。

春节代表新一年的开端，也叫过年。古代传统春节的时间很长，一般从农历正月初一开始。节日期间，人们会举行丰富多彩的民俗活动，除了祭祖、祭神、放鞭炮，串门、拜年、派红包，还有舞龙、舞狮、庙会、花市，一直要热闹到正月十五元宵节才算过完整个春节。

这么盛大的节日，筹备时间也很长，从农历腊月二十三，一直到年三十。这段时间，家家户户都会打扫卫生，准备年货，以及一些过年时走亲访友的礼品。家里有小孩子的，还会买一些新衣新帽，留到过年时穿。

春节的前一天叫"除夕"，也叫"年三十"。当家家户户挂起灯笼，贴上春联、福字、年画、窗花，摆上团圆饭的时候，我们就知道——春节来了。

立春为什么要"打春牛"

"打春牛"是一项传统的立春活动，它其实是春耕之前的一个迎春仪式。

在古代传说里，负责大地万物生长发芽的春神名叫句（gōu）芒。立春之后，天气变暖，适合春耕。句芒原本打算利用这时的好天气，带领百姓翻翻土、犁犁地。没想到，要干活的牛却赖着不肯起来。

句芒想了个主意。只见他就地取了一些泥土，捏成了一头牛的样子，然后让人们用鞭子用力鞭打这头土牛。听到阵阵用力的抽打声，贪睡的牛吓得赶紧从牛棚里走出来，老老实实来到地里开始干活。

自此以后，用鞭子抽打春牛，就成了春耕开始前的一项仪式，用来提醒人们抓紧时间下地干活。在"打春牛"的仪式上，人们也是象征性地弄一弄，不会像句芒打泥牛那样使劲，毕竟牛是春耕的好帮手，真把它们打疼了，可就耽误事了。

我要打你咯！

"咬春"是怎么回事

立春时有许多饮食习俗，"咬春"就是其中之一。

咬春又叫"食春菜"。立春之后，气温回升，一些野菜钻出泥土，古人这时候就会来到野外，采摘一些鲜嫩的野菜带回家，清洗干净，用饼卷着一起吃，这就是"咬春"，据说可以解瘟疫、除春困。

最著名的咬春食物要数"春饼"，也叫"春卷"。春卷外面有一层烙制而成的薄薄饼皮，里面卷的原料非常丰富，大都是初春时节的新鲜蔬菜，再搭配一些肉丝、鸡蛋、酱料等。

吃春饼时，先把要吃的食物码放在饼皮上，然后把筷子放在春饼上，将春饼的一边顺着筷子卷起来，下端往上包好，用手捏住，再卷起另一边。卷好了放在盘子上，再将筷子抽出来，这时就可以大口享用了。

有些地方会把春饼卷好后放进锅里炸一下，外面酥酥脆脆，里面鲜嫩多汁，更加美味。

你认识这些野菜吗

下面这些都是春天常见的野菜，你认识它们吗？

马齿苋

蒌蒿

荠菜

春笋

香椿

榆钱

我眼里的立春

　　立春悄悄地来了，你周围的大自然有什么不一样的地方吗？写一写或画一画，把你的发现记录下来吧！

雨水

每年公历 2 月 18 日 ~ 19 日交节。

雨水是二十四节气中的第二个节气，
雨天慢慢开始变多，雨量也慢慢变大。

雨水，原来如此

　　"雨水"这个词有两层意思，一层是指冬天结束后天气慢慢回暖，冰雪消融，降水量逐渐增多，就连北方的空气也渐渐湿润起来；另一层是指降水的形式发生了变化，下雪的机会越来越小，下雨变得越来越频繁。春天是草木生长的季节，而它们要长大，需要喝大量的水。大自然仿佛知道这种需求，于是立春后就降下大量的雨水，让大地的植物喝得饱饱的，以便未来茁壮成长。

　　雨水是二十四节气中反映降水现象的节气之一，之后我们还会讲到谷雨、小雪、大雪等反映降水现象的其他节气。

雨水三候

初候，獭祭鱼

　　水獭是水里的动物，样子像小狗，爱吃鱼，常常在捕了一条鱼之后，便把它咬死放在岸边，再去捕另一条。一直要等捕来的鱼在岸边堆得够吃一顿了，水獭才会美美地把鱼吃下肚。因为鱼被排列得像古人祭神时的供品，所以人们便称这种现象为"獭祭鱼"。

二候，候雁北

　　到了二候，温度继续上升，北方地区逐渐变得温暖起来，之前飞到南方过冬的大雁纷纷启程，向北飞翔，回到故乡繁衍生息。

三候，草木萌动

　　又过了五天，气温变暖，雨水充足，大地上的草木生机勃勃，它们开始抽出嫩芽，苗壮成长。"三候，草木萌动"描述的就是这时的情景。

雨水花信风

一候菜花

这里的菜花指的是金黄色的油菜花,也叫芸薹(tái)。开春后,油菜花争相怒放,田间地头一片金黄,美丽景象让人流连忘返。

二候杏花

杏花是我国传统的观赏花木,花瓣整体呈白色,稍稍带一些红晕。由于盛开时的杏花花繁姿娇,胭脂万点,古人常将杏花种在庭前、墙隅、道旁、水边,作为园艺的点缀。

三候李花

李花就是李树的花,由于花瓣洁白秀美,气味芳香扑鼻,总体质朴清纯,深受人们喜爱。大家熟悉的李子就是李花结出的果实。李花还有个好听的名字——玉梅。

古人说雨水

临安春雨初霁

宋·陆游

世味年来薄似纱，谁令骑马客京华。
小楼一夜听春雨，深巷明朝卖杏花。
矮纸斜行闲作草，晴窗细乳戏分茶。
素衣莫起风尘叹，犹及清明可到家。

译文

近年为官的兴味淡得就像一层薄纱，谁又让我骑马来京都作客沾染繁华？在小楼里听了一整夜的春雨声，第二天清早的小巷深处传来一阵阵杏花的叫卖声。在小纸上的斜行中悠闲地写着草书，在明亮的窗户边煮水撇沫，品味煎茶。别为京都的尘土会弄脏洁白的衣衫而叹息，清明节前还来得及赶回老家。

雨水古谚语

七九八九雨水节，种田老汉不能歇。
雨水落雨三大碗，小河大河都要满。
雨水到来地解冻，化一层来耙一层。

为什么春雨常在夜里下

　　春天的雨很有特点，往往白天时，天空还非常晴朗，入夜之后，春雨就淅淅沥沥地下了起来。很多古诗句反映了春雨的这一特点，如"小楼一夜听春雨，深巷明朝卖杏花"，又如"随风潜入夜，润物细无声"等等。春雨常在夜里悄悄地下，这是什么原因呢？

　　原来，我国处在季风气候区域。冬天时，气流从大陆吹向海洋；夏天时，气流又从海洋吹向大陆。冬去春来的这段时间，北方吹来的冷空气，势力逐渐减弱，来自西太平洋的暖湿空气越来越活跃，让来自海洋上空的水汽源源不断地深入北方和内陆地区。水汽变多了，空中的云量也大大增加。

　　白天，由于太阳光辐射强烈，云中的水汽被大量蒸发，云层变薄乃至消失，成为万里晴空。到了夜晚，由于没有太阳光的辐射，水汽又重新积聚起来，云层也因此越聚越厚。这时，厚厚的云层就像一床棉被一样遮盖着地面，地面的热量散发不出去，而云层上部因为没有太阳光的辐射，温度迅速降低。于是，整个云层上面冷、下面暖，这样的环境容易引起空气对流，从而形成雨水。

　　因此，春雨常常会在夜里降临人间。

21

雨水落，万物长

　　古代的农业生产"靠天吃饭"，误了农时很有可能影响一整年的收成，因此农民们特别关注节气以及天气的变化。

　　雨水节气的到来，意味着春天的脚步更近了。东风解冻，化而为雨，故名雨水。此时因为水汽的配合，草木生发，春回大地，万物开始萌动，在南方地区，进入雨水节气就相当于进入了"可耕之候"，像春耕、春灌、播种、育苗之类的农事活动，都将陆续开始。

　　这个时候，北方地区随着降雨逐渐增多，空气慢慢变得湿润，土壤中的含水量不断上升，非常适合万物的生长，小麦自南向北开始返青，农民们就会根据天气情况，及时对农作物进行除草、施肥，同时清理好沟渠，确保不管雨水怎样变化，旱时能顺利灌溉，涝时能顺利排水，让农作物茁壮成长。

金黄的油菜花开了。

万物生，嫁接忙

古人在很早之前就发现，森林中一些树木的枝条，因为某些原因相互摩擦受损之后，由于彼此挨得很近，不同树木的枝条居然最后长到了一起。古人将这种自然现象称为"木连理"。受这种自然现象启发，古人创造了一种新的种植技术，在一株植物的茎或根上切一个口，然后从另一株植物上取一部分枝或者芽，把新取的枝或者芽接到切口上，并将它们捆紧，好让这两个部分重新长成一个完整的植株。这种手法就叫"嫁接"，它是人类对植物进行人工繁殖的重要方法之一。

在万物开始生长的雨水时节，温度、湿度都非常合适，有利于植物伤口快速愈合，因此农业生产中的嫁接工作往往选在这时进行。

春天是嫁接的好时候。

雨水时节闹元宵

雨水节气前后有一个重要的传统节日——元宵节。元宵与春节相接，人们习惯上把它作为春节的尾巴。

元宵节自然少不了闹元宵。人们白天手持锣鼓、铙钹等传统民间乐器，敲打出欢快的节奏旋律，组成舞龙、舞狮队伍上街游行。入夜之后，熙熙攘攘的街市上还有各种灯会、灯展、焰火、表演等供人观赏。一时间，人们扶老携幼，呼朋引伴，人山人海，热闹非凡。

这一天夜里，很多悬挂着的漂亮花灯下面，往往会附着一张小卡片或小纸条，上面写着一则简单有趣的谜语，供路人猜测赏玩。这便是猜灯谜活动。文人学士之间有时也会以猜灯谜的形式较量，猜中的灯谜越多，说明猜谜人的学识越渊博。

在中国，重要的节日往往和美味的传统食物息息相关，元宵节也不例外。正月十五吃元宵，就是流传下来的美食传统。作为一种吉祥食品，元宵在我国由来已久，最早可以追溯到宋朝时期。起初，人们把这种食物叫"浮圆子"，后来才叫的"汤圆"或"汤团"，取团圆之意。

元宵的口味丰富多样，制作方法也南北各异，北方元宵多用箩滚手摇的方式制作，南方汤圆多用手工揉团，形状体积可以大似核桃，也可以小似黄豆，但外皮一般由糯米制成，或实心，或带馅，咸甜都有。食用时煮、煎、蒸、炸都可以，老少皆宜，美味可口。

过完热闹的元宵节，因为雨水节气临近，气温缓慢回升，万物开始生长，人们要开始新一年的农忙了。

我眼里的雨水

雨水悄悄地来了，你周围的大自然有什么不一样的地方吗？写一写或画一画，把你的发现记录下来吧！

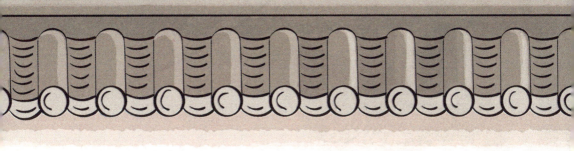

惊蛰

每年公历 3 月 5 日~6 日交节。

惊蛰是二十四节气中的第三个节气，
这个时候，虫子们要改变它们的作息习惯了。

惊蛰，原来如此

　　"蛰"字本意指动物冬眠，不吃东西不活动的躲藏状态。动物在气候转冷时躲进土里冬眠的行为也叫"入蛰"。

　　惊蛰时，天上春雷滚滚，隆隆作响，有时还很吓人。古人认为，惊蛰时期的巨大雷声惊醒了原本在地下冬眠的虫子。其实，惊蛰前后的天气已经比较暖和，虫子不再害怕外界的寒冷，于是纷纷爬出巢穴，到外界觅食。

　　另外，由于气温回升，雨水增多，惊蛰也是万物生长的大好时光，不少草木都在此时发芽吐绿，换上新装。

惊蛰三候

初候，桃始华

惊蛰时期，南方回温回暖已经非常明显，再加上潮湿的环境，美丽的桃花争相开放。由于桃花的颜色非常耀眼，红粉的色泽让大地充满生机和妩媚，于是人们就用"初候，桃始华"来表示春天真正来了。

二候，仓庚鸣

"仓庚"就是大家非常熟悉的黄莺。它们在春暖花开的季节里，喜欢在新叶萌生的枝头飞来飞去，发出悦耳的鸣叫声，仿佛在向这个世界传达好消息。

三候，鹰化为鸠

"鸠"指的是布谷鸟。进入惊蛰三候，天上飞的鹰忽然变少，而布谷鸟却多了起来，于是古人认为，多出来的布谷鸟是鹰变的，这是错误的想象。鹰这时要换羽，影响飞行和捕猎，因此很少出来，而此时天气回暖，布谷鸟开始活跃，于是有了"鹰化为鸠"的误会。

惊蛰花信风

一候桃花

桃花就是桃树结果之前开的花，它是我国传统的园林花木。桃树的形态非常优美，常在早春时节开花。桃花颜色艳丽，花瓣以白色和粉色为主，花朵饱满，非常漂亮。

二候棠梨

棠梨也叫甘棠，过去常见于荒郊野外的山脚、路旁，所以人们也叫它野梨。棠梨不好吃，又酸又涩，但它的花期比较准，花瓣洁白显眼，因此被古人作为惊蛰二候的花信。

三候蔷薇

蔷薇是一种藤本植物，能沿着篱笆、木架等攀爬生长，每年农历二月初前后开花，花的颜色既多样又鲜艳，以白、黄、粉等最常见，气味芳香。

古人说惊蛰

观田家（节选）

唐·韦应物

微雨众卉新，一雷惊蛰始。田家几日闲，耕种从此起。

译文

一场蒙蒙细雨之后，许多花卉都冒出新的花苞。一声春雷响起，惊蛰时节就此开始。下田的农民没有几天清闲日子了，因为春耕就要开始了。

惊蛰古谚语

惊蛰到，雷雨到。

雷打惊蛰前，高山好种田。

惊蛰过，暖和和，蛤蟆老角唱山歌。

33

惊蛰到，除虫忙

　　惊蛰时节到，蛰伏在地下的虫子们纷纷醒来，钻出地面开始活动，并且逐渐遍及房屋、田地，给人们的日常生活和地里庄稼的正常生长带来了很多麻烦。为此，古时一到惊蛰，人们就会忙着开展除虫工作，如用点燃的艾草熏房屋，或者深入田间地头除虫杀虫等，各地还形成了不同的仪式，有些还非常有趣。

　　在中国传统民俗文化中，扫帚能扫除孽障，像妖魔鬼怪、疾病、晦气、虫害等。古时候的江浙一带，就有将扫帚插到田间地头，恳请扫帚神显灵扫除害虫的做法，或者拿着扫帚到田里象征性地挥一挥，完成扫虫的仪式。

　　南方的客家人除了下到田间地头杀虫、捉虫，他们还会在家举行"炒虫"仪式。相传到了惊蛰这天，客家人会把米谷、豆子、南瓜籽、向日葵籽，以及各种蔬菜的种子炒熟，然后吃掉。这就是"炒虫"，以此表达消灭害虫、祈祝丰收的愿望。

南方客家人举行"炒虫"仪式，北方的传统民俗则是"吃虫"。人们把黄豆、芝麻之类的东西放在锅里炒熟，然后大家一起吃，这就是"吃虫"，寓意"吃虫"之后人畜无病无灾，庄稼免遭虫害，当年风调雨顺。

还有的地方，人们在惊蛰前后会拿起棍棒、扫帚、鞋子，拍打房间的梁头、墙壁、瓦块、门户、床炕，或者敲一敲角落的簸箕、闲置的架子、堆起的杂物，好把藏在里面的虫子吓出来。

这些有趣的驱虫习俗只有象征意义，很难说有多少实际效果，但它们体现了古代人们远离害虫的强烈愿望。正是这种愿望的驱使，一代又一代人的努力，推动了科技的积累与发展，让今天的我们能在生产与生活中，用上更先进、高效的驱虫办法，再也不用像古人那样为惊蛰时期的虫害发愁了。

该耙地啦

俗话说："春雷响，万物长。"惊蛰时节一到，我国大部分地方都进入了忙碌的春耕时节。很多农谚都提到了这件事，如"惊蛰不耙地，好比蒸馍走了气""到了惊蛰节，锄头不停歇"等等。

惊蛰耙地，除了因为虫儿们苏醒，需要把它们从田里赶走之外，还有两个重要原因：

一是这个时候，土壤里的含水量比较高，大部分地区，特别是北方，土地还没有完全解冻，地面表层的土壤也因为长时间的风化形成了一层"硬皮"。及时耙地，能够让土地变得松软，适宜作物生长。

二是土壤中有很多毛细管，耙地就是为了将这些毛细管切断，避免地下的水分沿着这些毛细管上升到地面，减少蒸发，确保作物的生长有足够的水分。

吃个梨吧

在一些地方，惊蛰节气有吃梨子的习俗。大家都知道秋天要多吃梨，那春天的惊蛰时期吃梨，又是什么原因呢？

原来，惊蛰时节，乍暖还寒，气温明显升高，水分蒸发变快。虽然相对于冬季来说，雨水已经有所增加，但气候总体还比较干燥，人容易口干舌燥。按照中医养生的观点，梨有清热化痰、润肺止咳的作用，吃梨可以在一定程度上缓解这些不适。

梨子的吃法很多，除了生吃，人们还喜欢将它放进锅里蒸熟吃，或者煮梨汤喝，蒸煮熟透的梨子，止咳润肺的效果更好。现在随着榨汁机的普及，人们还可以喝上清甜的梨汁。

如果惊蛰前后觉得嗓子干痒难受，不妨多吃点梨吧。

什么是"倒春寒"

惊蛰节气一般在每年的阳历三月前后。这个时候，大家常常听到一个词——倒春寒。什么是"倒春寒"呢？

这里又要提到中国的气候特点了。中国是典型的季风气候区，冬天的气流主要从大陆吹向海洋，这时候冬季风的势力强大；到了夏天刚好反过来，气流又从海洋吹向大陆。

春天刚好处在冬季风势力逐渐变弱，夏季风势力逐渐变强的时期，因此，从整个春天来看，气温总体是越来越暖和的。在此期间，一旦冬季风势力稍稍强过夏季风，大风降温甚至雨雪天气就会重新出现，让刚刚感受到暖暖春意的大地万物，重新体验到冬季的寒冷，而且春季的湿度更大，阴冷的感觉有时比冬天更强。这种突如其来的降温，就是"倒春寒"，严重时还会下雪。

成语"春寒料峭"就是形容"倒春寒"的。"料峭"有"来回摆动"的意思。春天的寒冷来回摆动，气温时高时低，多么形象。

好漂亮的桃花雪！

为什么要"春捂"

一年四季中，春季的天气变化反复无常，人们用"春天春天，时时发癫"的俗语来形容此时气温的多变。春天的温度变化主要体现在两方面：遭遇倒春寒的时候，全天阴冷；平时则温差比较大，经常是正午温暖明媚，早晚时分却寒气袭人。

冬去春来的时候，寒气刚刚消退，阳气慢慢生发，人类的肌体调节功能跟不上天气的变化，伤风感冒之类的疾病很容易乘虚而入。古人很早就意识到了这一点，因此总结了一系列的民间俗语，如"二月休把棉衣撇，三月还有梨花雪""吃了端午粽，再把棉衣送"等等。这些俗语说的就是"春捂"，在气温刚刚转暖的春天，要适当多穿衣物，不要过早脱掉棉衣。

春季天气变化无常，我们平时要关注天气预报，根据天气变化增减衣物，同时注意休息，不要过度劳累，避免因为抵抗力下降而感染疾病。

春天还是要多穿点。

立春　雨水　**惊蛰**　春分　清明　谷雨

39

我眼里的惊蛰

惊蛰悄悄地来了，你周围的大自然有什么不一样的地方吗？写一写或画一画，把你的发现记录下来吧！

每年公历 3 月 20 日～ 21 日交节。

春分是二十四节气中的第四个节气，
打雷闪电之类的天气越来越多，
春天的味道更浓了。

春分，原来如此

　　春分是一个非常重要的节气。一方面，它有天文学上的意义，这一天地球上的南北半球昼夜平分，也就是白天和黑夜一样长；另一方面，它正好是春季的中间点，相当于把春季分成了前后两段。从这两点来看，叫它"春分"真是太合适了。

　　一场春雨一场暖，春雨过后忙耕田。春分期间的气候变化很明显。我国疆域辽阔，气候变化多种多样，过了春分，除了高海拔的青藏高原、纬度相对更高的东北和西北地区，大部分地方将迎来温暖明媚的春天，春耕春种等农忙活动也将拉开序幕。

春分三候

初候，玄鸟至

"玄"是黑色的意思，玄鸟指的就是"黑色的鸟"，也就是大家熟悉的——燕子。越来越多的燕子在空中盘旋，这是春分前后最显著的物候变化之一，于是古人总结为"初候，玄鸟至"。

立春　雨水　惊蛰　**春分**　清明　谷雨

二候，雷乃发声

春分时期的一个标志便是阴天里那隆隆的雷声。春天的雷声仿佛格外绵长一些，好像因为沉默了秋冬整整两季，有很多话要讲一样，怎么也停不下来。

三候，始电

春分时期的另一个标志则是闪电。如果绵绵细雨伴随着打雷和闪电越来越频繁地一起出现，这就意味着真正的春天终于来了。

春分花信风

一候海棠

海棠一般在暖春时候开花，花瓣白里透粉，像锦缎一样美丽动人，有"花中神仙""花中贵妃"等美名。如果你站在海棠树下，恰巧又有一阵风吹过，便有机会感受到"香风花瓣雨"的美妙。

二候梨花

在春季开放的梨花，花瓣跟雪一样洁白，同时还伴有淡淡的清香。由于梨花非常素雅，自古以来深受人们喜爱，经常被写进古诗词当中。

三候木兰

木兰就是紫玉兰，也叫辛夷。从名字就能知道，它的花瓣是紫红色的。和很多植物不同，木兰先开花，后长叶，因此开花时满树没有杂色，非常好看。

古人说春分

踏莎行（节选）

宋·欧阳修

雨霁风光，春分天气。千花百卉争明媚。
画梁新燕一双双，玉笼鹦鹉愁孤睡。

译文

　　春雨之后天空放晴，一派春景分明的好天气。百花盛开，争奇斗艳。画梁之上新归来的燕子出双入对，玉笼中的鹦鹉似乎在为独自入睡而发愁。

春分古谚语

春分有雨是丰年。
春分前后，大麦豌豆。
春分前，好布田；春分后，好种豆。

春分，日晷"失灵"了

在现代钟表发明之前，古人是怎样知道具体时间的呢？这就要说一说伟大的计时仪器——日晷了。

日晷是一种通过太阳投射的影子来测定时刻的装置，在没有阳光的阴雨天和夜里，日晷也派不上用场。即便如此，日晷仍然是当时最实用的"钟表"。中国早在周朝时就使用日晷来判断时间，距今已有两千多年的历史。

日晷有很多种类型，最常用的要数赤道式日晷。它通常由三部分组成：一个牢固的底座、一块石质的圆盘、一根铜制的指针。其中，石制的圆盘叫"晷面"，铜制的指针叫"晷针"。

之所以叫"赤道式日晷"，是因为它的晷面与地球的赤道面平行，只要不在赤道上，这块圆盘永远"斜插"在底座上。在中国，这块圆盘始终是南高北低，在不同的地方，圆盘的倾斜角度也不同。晷针则穿过圆盘的中心，上下两头都露出，和晷面垂直。

晷面上用十二地支，表示子、丑、寅、卯、辰、巳、午、未、申、酉、戌、亥十二个时辰，各个时辰又用"初"和"正"进行等分，这样就能表示一天的24小时了。

赤道式日晷的上下两个晷面都刻着字，这是因为随着地球的运动，晷针的影子会出现在不同的晷面上。不过，从日出到日落，太阳只能照到其中一面，要么正面，要么反面。

春分到秋分这半年，太阳只照射日晷的正面，晷针的影子会显现在上晷面，并且夏至这天，晷针在上晷面的影子最短；而秋分到第二

午时了，该吃饭啦！

年春分这半年，太阳只照射日晷的背面，晷针的影子会显现在下晷面，并且在冬至这天，晷针在下晷面的影子最短。

聪明的你一定会想到一个问题——春分、秋分这两天，晷针的影子又是什么情况呢？

原来，春秋二分日的时候，太阳直射的光线跟晷面是平行关系，晷面上晷针的影子是无限长的，只会在东西方向上变长或变短，南北方向上都不会有投影，无法读出白天的时辰变化。因此，在春秋二分日这两天，日晷将会准时"失灵"。

不过也可以反过来看，如果某一天阳光充足，日晷却没办法按照太阳的起落指示时间，则说明这天要么是春分，要么是秋分。

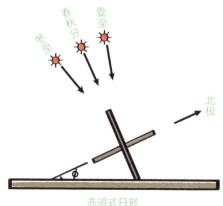

赤道式日晷

日晷摆放原理

春分吃春菜

古人有个习俗叫"春分吃春菜",现在不少地方仍有这个习俗。

"春菜"是一个泛指,例如香椿芽、菠菜、豆芽、春笋、韭菜等,都可以算作春菜。古时候,春菜只能在春季吃到,要存放到其他季节,只能做成腌菜。

春菜是一年里长出来的第一批蔬菜,古人认为多吃春菜能交好运,加上多吃时令蔬菜也有益健康,于是"春分吃春菜"的习俗就慢慢传了下来。

下面这些用春菜烹饪的菜品,你喜欢吃哪些?

春笋炒腊肉

菠菜汤

豆芽炒韭菜

香椿炒鸡蛋

粘雀子嘴

古时候，春分这天有个很有意思的民俗——粘雀子嘴。这里的"雀子"说的就是麻雀。

开春后，麻雀也变得活跃起来，它们在田间地头寻找食物的时候，很容易啄坏秧苗，影响一整年的收成。为了解决这个问题，古人就想了个法子，将煮好的汤圆插在细细的竹签上，再把竹签插在室外的田间地头。由于糯米做的汤圆煮好之后非常黏，麻雀一旦过来偷吃，就会被黏黏的糯米粘住嘴。这样，它们就不会破坏庄稼苗了。

现在，我们的农业生产水平提高了不少，而且保护动物的意识也变得更强，农民们不需要用粘雀子嘴的方式来保护庄稼了。

春风起，纸鸢飞

古时候，人们把风筝叫"纸鸢"。春分过后，春风和暖，草长莺飞，越来越多的人开始到户外放风筝。

从唐朝开始，风筝就逐渐成了一种老少皆宜的玩具。当时，人们还会在风筝上安装一些丝条或竹笛做成的响器，风一吹动便会发出悦耳的鸣叫声，于是有了"风筝"的美名。

风筝多用细竹扎成骨架，再在骨架上糊上纸或者绢布，系以长线，利用风力升入空中。古时候有人把风筝放上蓝天后便剪断风筝线，任凭风筝随风飘荡。据说这样放风筝，能除病消灾，并且给自己带来好运。

在千百年的演变中，风筝早已发展出了千姿百态的样式，除了圆的、方的、长条形的，还融入了传统的飞禽、走兽、鱼、虫等形象。

近年来，人们还在放风筝的时间上尝试创新，在风筝下方或风筝线上挂彩色的小灯，让风筝带着灯光迎风飞上夜空，为深蓝色的夜空增添了一些收放自如的"闪烁明星"。

每年公历3月20日~21日交节

你会放风筝吗

不知道你有没有这样的经历：看别人放风筝时总觉得很轻松，好像站在原地就能把风筝放得很高；自己放风筝时，就算一路狂奔，风筝也飞不上去，而且很容易掉到地上。这是因为，你没有掌握放风筝的小技巧。

准备放风筝时最好先等一等风。起风后手拿风筝提线，逆风小跑一段，风筝平稳升空后，觉得风力够大时停下脚步，慢慢把线放长。

如果风力突然变大，风筝在空中大幅度摇摆时，可以加快放线的速度，并且往风筝飞的方向奔跑几步，风筝很快就能回到平稳状态。

如果风力减小甚至突然停止刮风，风筝开始下落时，应当立即收线，并且往风筝飞的反方向跑几步，直到风筝不再下落，重新感觉手里的提线有些拉力。

收回风筝时，收线要慢，并且尽量远离高大的树木，避免风筝下落时挂在树上。

你学会了吗？挑个春风和煦的日子，出去试一试吧！

立春 雨水 惊蛰 **春分** 清明 谷雨

我眼里的春分

　　春分悄悄地来了，你周围的大自然有什么不一样的地方吗？写一写或画一画，把你的发现记录下来吧！

清明

每年公历 4 月 4 日 ~ 6 日交节。

清明是二十四节气中的第五个节气。

清明既是节气，又是传统节日。

清明，原来如此

　　当"清明"这个节气到来的时候，大地已经花红柳绿，草长莺飞，一派天朗气清、春和景明、生机勃勃的样子，于是古人就用"清明"这个词来表达"气清景明"的意思。

　　我们国家的很多地方都有在这个时候祭祖、扫墓、踏青的习俗，后来慢慢演化成传统节日。由于天气转好，习俗众多，和"清明"有关的事情经常被写进诗歌当中。例如，唐代诗人杜牧写的七绝诗《清明》："清明时节雨纷纷，路上行人欲断魂。借问酒家何处有，牧童遥指杏花村。"

清明三候

初候，桐始华

　　"桐"就是桐花，它也被称为清明的节气之花，这种花的花瓣雪白，花蕊处则是黄色。清明时节是桐花盛放的时候，经常可以看到桐花开满枝头的绚丽景象。

二候，田鼠化为鴽（rú）

　　鴽在古书中指"像鹌鹑一样的小鸟"。田鼠怎么会变成鸟呢？这其实也是一个误会，这时田鼠不那么活跃了，而鴽鸟开始在田间草丛里穿行，就像田鼠那样。于是古人就认为"田鼠化为鴽"了。

三候，虹始见

　　入春之后，雨水增多，空气也变得更加干净，红橙黄绿青蓝紫的七色彩虹，开始出现在雨后的天空中，成为清明时节的一道风景。

立春　雨水　惊蛰　春分　清明　谷雨

59

清明花信风

一候桐花

桐花，指的是泡桐树开的花。泡桐树和梧桐树看起来很像，高大而挺拔。泡桐树开花时，满树都挂着白里透紫的硕大花朵，好看又壮观。由于这种景象很独特，桐花也被古人称为清明的节日之花。

二候麦花

麦花就是小麦在生长过程中开出的花，一般在白天的 10 ～ 12 点开花。连片的麦花很好看，雪白的一大片。不过，麦花的花期非常短，大概就三五天，想观察的小朋友一定要找准时间。

三候柳花

柳树也会开花？没错。柳花就是柳树的花，花朵不大，也不显眼，一般是淡淡的黄色，上面还长着很多绒毛。古代人写诗歌时也常提到"柳花"，但这里的柳花和前面说的柳花不同，它指的是柳絮。

古人说清明

清明

唐·杜牧

清明时节雨纷纷，路上行人欲断魂。
借问酒家何处有？牧童遥指杏花村。

译文

清明时节细雨纷纷飘落，路上的行人个个落魄断魂。向当地人询问哪里有酒家？牧童用手指了指远处的杏花村。

清明古谚语

清明有雨麦苗肥。
清明前后，种瓜点豆。
清明到，麦苗喝足又吃饱。

立春　雨水　惊蛰　春分　清明　谷雨

清明为啥雨纷纷

前面讲到，杜牧的诗句"清明时节雨纷纷"，大家再熟悉不过了。

自古及今，清明前后常常有绵绵细雨。且不说阴雨连绵的南方，连干旱少雨的北方，每年的这场雨也是八九不离十。从杜牧写下这句诗的唐代直到现在，千百年来一直如此。这是为什么呢？

原来，清明雨主要跟冷空气和低气压两个因素有关。

先说说冷空气的影响。

清明时节，来自海洋的暖湿空气开始变强，不断吹向北方。冷空气的力量虽然没有冬天那么强大，但它仍然比较活跃。一股股的干冷空气和暖湿空气不断交汇，很容易形成一次次降雨。

暖气团

冷气团

雷阵雨

冷锋

再说说低气压的影响。

气压有高低之分，不过这个高低，是与周围气压相比较而来的，其中气压最低的地方叫低压中心。跟水往低处流一样，空气也会由气压较高的地方流向气压较低的地方。这个时候，空气就会在低压中心堆积上升。在上升的过程中，空气的温度不断下降，里面的大量水汽会遇冷凝结成水滴，变成雨落下来。所以，低气压中心所在的区域非常容易出现阴雨天气。

哎呀，下雨了！

整个春天的气压都不太稳定，低气压状态经常出现，与此同时，冷空气也会频繁到来。受这两个因素的共同影响，清明时节的降雨频率非常高，因而清明前后总能遇上一场雨。

立春　雨水　惊蛰　春分　清明　谷雨

扫墓忙

清明前后，我们中国有扫墓祭祖的习俗。

清明前后扫墓，是因为冬去春来，草木萌生，人们担忧先人的坟墓因雨季的到来或者动物的活动而受损，于是要前去察看。这个过程中，人们会给坟墓铲除杂草，添加新土，供上祭品，燃香奠酒，焚烧纸钱，以简单的祭祀仪式表达对逝者的怀念。慢慢地，这些事情就变成了古时候清明扫墓的基本流程。

如今，人们的环保意识和安全意识也增强了，过去在野外焚烧纸钱的祭奠方式容易引发山火，越来越多的人开始改用献花的方式寄托哀思。

清明为什么要植树

清明前后，气温升高，雨天和雨量都明显变多。古人在长期的农业生产中发现，这段时间种下树苗，成活率非常高，树木生长也很快，因而人们用"植树造林，莫过清明"的农谚，形容这段适合植树的大好时光。古时候也有不少人干脆把清明节称为"植树节"。

清明植树不仅因为气候适宜，与祭祖的习俗也有一些关联。

和现在整齐的陵园不同，过去的坟墓大都选在荒郊野外相对僻静的地方，有些地方还会特意把坟墓选在山上。时间一长，很容易被丛生的杂草掩盖，给来年祭扫带来不小的麻烦。有人尝试在坟墓附近种上四季常青的松柏。杂草再茂盛也不如树高，而且松柏常青，相当于给墓地做了标记。人们发现这是一个好方法，于是纷纷效仿，久而久之成了一种习俗。

如今，清明植树更多是为了涵养水土、保护生态、美化环境。

今年的清明，你植树了吗？

立春　雨水　惊蛰　春分　清明　谷雨

65

寒食传说

介子推

清明节气里，还有一个古老的节日——寒食节。

"寒食"，顾名思义，就是"吃冷食"，不生烟火。这个节日至今已有两千多年的历史，曾被称为"民间第一大祭日"，一般在清明节前一两天。

不过，寒食节为什么不能生烟火，只能吃冷食呢？

相传春秋时期，晋国发生内乱，晋国公子重耳出逃避难，并一度因为饥寒交迫而危在旦夕。一同流亡的忠臣介子推为了救重耳，毅然从自己腿上割了一块肉，与挖来的野菜做成肉羹汤给重耳吃。重耳因此活了下来。

多年之后，重耳返回晋国，成为国君，史称晋文公，对那些与他同甘共苦的臣子大加封赏，唯独忘了介子推。直到后来有人为介子推鸣不平时，重耳才猛然忆起往事，带着歉意，差人请介子推上朝受赏。

可是，差人去了几趟，介子推都不肯领赏，重耳决定亲自拜访。到了介子推家之后，重耳才发现自己吃了闭门羹——介子推早已背着老母亲躲进了山里。

重耳知道后，便安排军队上山搜索，没有任何收获。此时有人出了个主意，不如放火烧山，三面点火，留下一方，这样介子推一定会从没火的缺口跑出来。

重耳一想，觉得有道理，于是下令烧山。大火烧了三天三夜，也没有人跑出来。火灭之后，众人再度上山搜索，才发现现介子推紧紧抱着母亲，一同被烧死在一棵大柳树下。

得知这件事后，重耳十分悲伤。为了表示纪念，重耳将介子推遇难这天定为寒食日，当天不可生火烹煮食物，只能吃冷食。这就是寒食节的由来。

不过，由于寒食节和清明节离得实在太近，随着时间的发展，两个节日的风俗习惯也慢慢融为一体。比如，青团就是寒食节的冷吃食物，而人们现在早已把它当成清明时节里的一道必备美食了。

立春　雨水　惊蛰　春分　清明　谷雨

我眼里的清明

　　清明悄悄地来了，你周围的大自然有什么不一样的地方吗？写一写或画一画，把你的发现记录下来吧！

谷雨

每年公历4月19日~20日交节。

谷雨是二十四节气中的第六个节气，
也是春天最后一个节气。
此时雨水充足，农民们该忙着播种了。

谷雨，原来如此

　　谷雨是春天的最后一个节气，它的到来意味着寒潮天气基本结束，气温迅速升高，厚重的冬衣洗干净之后，可以收到箱子里了。

　　谷雨时，雨水明显增多，十分有利于禾苗茁壮成长，是播种移苗、埯(ǎn)瓜点豆的好时候，是一年里最适合播种的时节。由于"播谷降雨，雨生百谷"，民间慢慢形成了"谷雨"的叫法。

谷雨三候

初候，萍始生

谷雨前后，一些小池塘、小水坑的表面，慢慢会被一层薄薄的绿色植物盖住，它们就是浮萍。谷雨时节温暖、潮湿的环境，最适合浮萍生长，于是有了"初候，萍始生"的说法。

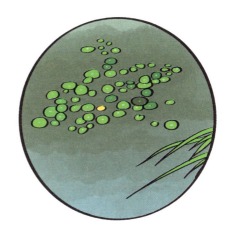

二候，鸣鸠拂其羽

"鸣鸠"指杜鹃鸟，也就是大家熟知的布谷鸟。这个时候，布谷鸟时不时地抖动它的羽毛，像跳舞一般，并且发出"布谷布谷"的声音，仿佛提醒人们谷雨到了，别忘了"播种谷粒"。

三候，戴胜降于桑

戴胜是一种头上有漂亮羽冠的鸟，展翅飞翔的样子就像一只花蝴蝶，一起一伏地波浪式前进，很有意思。如果看到戴胜鸟待在桑树上，说明谷雨节气快要结束，真正的夏天就要来了。

谷雨花信风

一候牡丹

牡丹的花朵又大又香，有"国色天香"的美名，被誉为"花中之王"。绽放的牡丹花自带一种雍容华贵的气质，我国古代的诗人、画家在创作时都喜欢用到它。

谷雨

每年公历4月19日~20日交节

二候荼靡花

荼靡花主要是白色的，也有红色、蜜色的，花朵大，花瓣多，花香浓。荼靡总在春天其他花都快凋谢时才开花，宋代诗人王淇为此写下"开到荼靡花事了"，意思是等到荼靡花开放的时候，春天就要过去了。

三候楝花

楝花的花瓣很小，一般是淡淡的紫色，味道比较清香。由于它的花期恰好在农历的"春尽夏来"之时，古人便将它排在二十四番花信风的末尾。楝花凋谢之后，"绿肥红瘦"的夏天就来了。

古人说谷雨

春夜喜雨（节选）

唐·杜甫

好雨知时节，当春乃发生。

随风潜入夜，润物细无声。

译文

　　好雨似乎知晓时节，在万物复苏的春天恰好出现。它随着入夜的春风悄悄潜入，悄无声息地滋润着万物。

谷雨古谚语

谷雨天，忙种烟。

雷打谷雨后，高山种黄豆。

谷雨栽上红薯秧，一棵能收一大筐。

雨水、谷雨，有啥不同

　　春季的六个节气中，雨水和谷雨，名字都跟雨有关。同样是春季有雨的节气，它们有什么不一样呢？

　　原来，雨水节气在初春，气候刚有转暖的迹象，重点强调雪天减少、雨天增多的变化，表达"春雨将至"的意思。这个时候，冷空气活动仍然很频繁，天气变化不定，忽冷忽热。

　　进入谷雨节气后，离夏天就不远了，这个时候气温迅速升高，雨水逐渐增多，适合农作物的生长，因此它更强调下雨带来的结果——雨生百谷。

　　我国幅员辽阔，同样是谷雨时节，南北差异非常明显。这个时候的南方地区经常下雨，雨量也不小，称得上"春雨满街流"。相比之下，北方地区的雨水就要少多了，而农业生产又需要大量的水，人们渴望天降甘霖，对"春雨贵如油"的说法感触也更深。

谷雨传说

　　谷雨名称的由来，有一个美丽的传说。

　　相传很久以前，上古时期的一个春天，一场罕见的饥荒席卷人间，粮食作物颗粒无收，百姓陷入饥饿之中，苦不堪言。在这艰苦时期，一个名叫仓颉的人创造了文字。天帝知道这件事，非常感动，宣布仓颉造字成功的同时，下令开放天宫的粮仓，为人间降下一场及时的"谷粒雨"，让百姓免受饥饿之苦。后来，天帝降谷粒的这天就被称为"谷雨"。

　　仓颉死后，人们将他安葬在故乡——陕西省白水县史官镇。他的墓门上还刻了一副对联：雨粟当年感天帝，同文永世配桥陵。自汉代以来，民间就有"谷雨祭仓颉"的传统。时至今日，每年谷雨前后，仓颉的故乡还会举办盛大的庙会，纪念这段神奇的传说。

仓颉

立春　雨水　惊蛰　春分　清明　谷雨

谷雨三朝看牡丹

　　花中之王牡丹花有一个别名，叫"谷雨花"，因为谷雨前后，正是牡丹怒放之时。一时间，黄的、红的、粉的、白的……各色牡丹次第开放，非常壮观。很多诗人都写过与牡丹有关的作品，其中有不少都成了脍炙人口的佳句，如李白的"云想衣裳花想容，春风拂槛露华浓"，又如刘禹锡的"唯有牡丹真国色，花开时节动京城"等等。

　　牡丹为什么艳冠群芳？相传，牡丹原本是开在天上的仙花。有一年，女皇武则天下了一道旨令，要求百花在冬天开放，只有牡丹花不肯听命，于是被贬到了洛阳。没想到，洛阳的气候水土条件，特别适合牡丹生长，开出的花朵又大又艳，让牡丹成了当之无愧的"花中之王"。

　　谷雨时节赏牡丹，这项习俗至今已延续千年。特别是在河南洛阳，每年谷雨前后都会举行规模盛大的牡丹花会，迎接来自世界各地的人们前来观赏游玩。

云想衣裳花想容，
春风拂槛露华浓。

曲水流觞

　　过去，谷雨前后有个非常重要的传统节日——上巳节。这时天气变暖，草长莺飞，人们纷纷出城踏青游玩，感受大好春光。在此期间，文人雅士会到郊外的水边，玩一种名叫"曲水流觞"的游戏。

　　"曲水流觞"也叫"九曲流觞"。"觞"就是"酒杯"，一般由木头制成，能漂浮在水中。文人雅士们会在上巳节这天，挑一个环绕曲行、水流平缓的水渠或溪流，分岸席地而坐。盛满酒的觞，会不断地从上游顺流而下。由于水岸曲折，酒杯会因为碰到岸边而停下。停在谁的面前，谁就要取走酒杯，一饮而尽，同时赋诗一首，以此为乐。如果酒喝完，诗还没作出来，就要罚酒，作为小小的惩罚。

　　"曲水流觞"的习俗，早在周朝就已出现。著名的《兰亭集序》，就是大书法家王羲之在晋永和九年三月初三日这天，跟朋友们在会稽山玩"曲水流觞"的游戏，吟诗、饮酒之后写的。

79

喝杯谷雨茶

所谓"谷雨茶"，就是谷雨时期采摘制成的春茶，也叫"二春茶"。

这个时候，茶树已经休养了半年，体内积攒了足够的营养，谷雨时期的气温适宜，雨水也很充足，外部生长条件非常好。茶树的枝头会长出肥美柔软、翠绿欲滴的叶芽，隐隐散发出怡人的清香。

古人认为，谷雨茶有很好的养生效果，可以明目、清火、辟邪，据说过去在谷雨这天，就算天气再糟糕，茶农们都会想尽办法克服困难，从茶园中采一些鲜茶叶回来，制成干茶后冲泡饮用。

由于谷雨茶的口感好，滋味鲜浓、耐泡，历来深受人们喜爱。

谷雨

每年公历4月19日~20日交节

雨前香椿嫩如丝

香椿是一种人们喜欢采食的"树头菜"，它其实是香椿树发出来的嫩芽。

早在汉朝，人们就开始食用香椿，而且一度因为美味、少有而成为贡品。古人曾用"雨前香椿嫩如丝"的句子来赞美它的鲜嫩，用"嚼之竟日香齿牙"来形容它的鲜香持久。

谷雨前后，正是采摘香椿嫩芽的好时机。此时的香椿芽，最为香嫩肥美，味道浓郁，是上好的时令蔬菜，因此人们把谷雨前后食用新鲜采摘的香椿说成"吃春"。

香椿既可生吃，也能熟食，春天的不少风味小菜，都有香椿的身影，如香椿拌豆腐、香椿炒鸡蛋、香椿竹笋、凉拌香椿、煎香椿饼，等等。不过，也因为香椿的味道过于浓郁，有的人选择对它避而远之。

立春　雨水　惊蛰　春分　清明　谷雨

我最喜欢香椿炒鸡蛋了！

81

我眼里的谷雨

谷雨悄悄地来了，你周围的大自然有什么不一样的地方吗？写一写或画一画，把你的发现记录下来吧！

写给小学生的

二十四节气 夏长

申楠 编著

孔學堂書局

二十四节气·春生

立春

雨水

惊蛰

春分

清明

谷雨

二十四节气 · 夏长

二十四节气·秋收

立秋

处暑

白露

秋分

寒露

霜降

二十四节气·冬藏

目录
MU LU

立夏

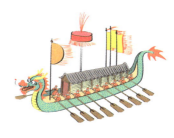

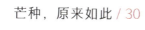

芒种

大暑

立夏

每年公历 5 月 5 日 ~ 6 日交节。

立夏是二十四节气中的第七个节气，
它在战国末年就已经确立，
表示夏天即将开始。

立夏，原来如此

立夏表示春天已经远去，夏天正式开始。

时至立夏，万物繁茂。《月令七十二候集解》中就提到："夏，假也，物至此时皆假大也。"这句话里的"夏"就是"大"的意思，植物经过一整个春天的生长，到立夏时已经长大、成熟。江南一些地区有"立夏见三新"的说法，也叫"立夏三鲜"，意思是到了立夏，要吃点这个时节长出来的鲜嫩果蔬。

不过，由于我们国家的领土很辽阔，立夏时节，其实只有南方的部分地区进入了夏天，而东北、西北等许多地区还留在春天。

立夏三候

初候，蝼蝈鸣

　　"蝼蝈"究竟是什么，从古至今人们一直争论不休，有说是一种蛙的，有说是一种虫的，目前还没有明确的说法。不过可以肯定的是，到了初夏，遍地都能听到此起彼伏的鸣叫声。总之，不知道"蝼蝈"是什么没关系，听到这种声音，知道夏天快来了就行。

立夏

小满　芒种　夏至　小暑　大暑

二候，蚯蚓出

　　立夏时节，由于土壤的温度持续升高，之前躲在地下的蚯蚓爬到地面，开始呼吸新鲜空气。尤其在雨后，由于雨水的滋润，土壤变得更加松软，蚯蚓爬出来更加容易。因此立夏的雨后，大家经常能看到蚯蚓在地面爬行。

三候，王瓜生

　　夏天迅速升高的气温也让植物进入了快速生长期，以王瓜为代表的藤蔓植物，藤蔓开始快速攀爬生长，开出白色的小花。

古人说立夏

立夏

宋·陆游

赤帜插城扉，东君整驾归。

泥新巢燕闹，花尽蜜蜂稀。

槐柳阴初密，帘栊暑尚微。

日斜汤沐罢，熟练试单衣。

译文

红色的旗帜插满城内的窗扉，春天即将远去。新泥筑起的巢穴里，燕子正在欢闹；百花已经开败，蜜蜂越发稀少。槐树和柳树的绿荫开始浓密，门窗帘子附近尚且只有微微的暑气。太阳西斜时舒舒服服洗个澡，然后熟练地试穿起夏天的单薄衣裳。

立夏古谚语

立夏三日正锄田。

立夏蛇出洞，准备快防洪。

季节到立夏，先种黍子后种麻。

古时的"立夏节"

相比于立春，现在的人们对立夏的关注度并不高。在古代，立夏曾是一个非常隆重的节日。前面提到，"夏"在古语里有"大"的意思，万物至此已长大，故名立夏。

根据史书记载，立夏这天，皇帝要亲率百官，到南郊举行规模盛大的"送春迎夏"仪式。归来之后，皇帝还要赏赐百官，命令主管农林的官吏深入田间地头巡视，代表皇帝对辛劳的农民进行慰劳，勉励耕作，不误农时。农官献上当年的新麦时，皇帝还要献猪到宗庙，举行品尝新麦的仪式。整个过程中，皇帝与臣子都要穿朱红色的礼服，身上要佩戴朱红色的玉佩，甚至代步的马匹、装饰的旗帜，都要使用朱红色。这一系列流程与要求，都表达了古人对五谷丰登的祈盼。

立夏

小满 芒种 夏至 小暑 大暑

从"立夏启冰"到"立夏饮冰"

随着立夏节气的到来，气温显著升高，湿度也慢慢变大，汗黏黏的夏天就要来了。

现在天热的时候，大家可以吹风扇、吹空调，古时候受条件限制，人们没有那么多的纳凉选择，那么古人在炎热的天气如何避暑呢？

过去的宫廷里，立夏当天有个"启冰"仪式，皇帝会下令将前一年冬天贮藏好的冰块赐给官员。这种奖赏最早见于周朝时期。虽然古人很早就掌握了将冰块冬藏夏用的秘诀，但采冰、制冰、运冰、藏冰的过程过于费时费力，而且容易损耗，所以古时候，冰块在夏天是非常稀缺、珍贵的东西，一度跟黄金珠宝的价值相当。皇帝会在夏天拿冰块赏赐官员，也就不足为奇了。

宋代之后，制冰开始产业化，冰价不再昂贵，民间开始出现冰饮，并且有了"立夏日喝冰饮"的习俗。画家张择端在著名的《清明上河图》中就描绘了一个当时的冷饮摊——汴梁大街上，一把青布大伞下立着一块"香饮子"的招牌，主要售卖各种水果口味的冰水。《东京梦华录》《武林旧事》等古籍中还记录了不少"饮子"的名称，如紫苏饮、绿豆水、杨梅浆等。为了吸引人们购买，有些饮子铺的商贩还会特意起一些雅致的名字，如冰雪甘草汤、雪泡梅花酒、凉水荔枝膏等。当时甚至还出现了冰雪冷元子、冰酪之类的冰镇甜品。把炒熟去壳的黄豆，用砂糖或蜂蜜加水拌匀团成小团子，再浸到冰水里，这就是冰雪冷元子；如果把冰块刨成冰花，再往里面加入砂糖、乳酪之类的食材，就制成了冰酪。

古代很多文人墨客都记录了夏日饮冰的场景。宋代诗人杨万里在吃过冰酪之后，就写了一篇《咏酪》诗："似腻还成爽，才凝又欲飘。玉米盘底碎，雪到口边消。"

看来，炎炎夏日吃点儿冷饮，的确是一件乐事。不过，吃冷饮要适量，过量可是要拉肚子的。

立夏吃个蛋，力气大一万

立夏吃蛋的习俗在民间由来已久，传说这是女娲娘娘的建议。

入夏之后，天气慢慢变得晴热，不少人，特别是孩子很容易感到身体疲劳、四肢无力、食欲下降，整个人都变得消瘦。古时候把这种情况称为"疰（zhù）夏"。女娲娘娘得知这个情况后就告诉人们，立夏之后吃鸡蛋，"疰夏"的问题就能解决。

于是，每年立夏前一天，家家户户都开始煮"立夏蛋"。为了让鸡蛋味道更加可口，人们还会在煮鸡蛋的水里加入茶叶末或者核桃壳。在这个过程中，蛋壳的颜色会慢慢变深，香味也会变得更加浓郁。

其实，立夏前后，农事本身也比较繁忙，加上气温上升，人的体力消耗过快。古时候，一般百姓的生活条件没有现在这么优越，食物相对也比较贫乏，鸡蛋算是非常好的补品，可以有效补充营养，恢复体力。营养够了，人的精神头就好了。俗语"立夏吃了蛋，热天不疰夏"，或者"立夏吃个蛋，力气大一万"，都是这个道理。

什么是"立夏称人"

除了吃蛋，立夏这天还有一个很有趣的习俗——称人。

称人，其实就是称体重，但古时的称人跟现在的称体重不太一样。按照古时候的习俗，立夏这天，人们会提前在村口或某个场所准备一杆大木秤，秤钩上还会挂一个凳子或篮子。大家吃完中饭，就来到这杆大木秤旁边，轮流坐到秤钩挂着的凳子、篮子上，称一称自己的体重。

称人的过程还有很多讲究。比如，秤砣只能往外移，不能往里走，也就是称出来的斤数只能加重，不能减轻。给孩子称重时，还会在孩子衣服口袋里装一块石头，故意增加秤上的重量。最后，不管给谁称重，负责称重的那个人都要讲吉利话，比如给老人称重时要往长寿方面讲，给姑娘称重时要往好姻缘上面讲。

为啥立夏称重都要往重了称呢？这跟立夏吃蛋的原因是一样的。立夏称重人不瘦，说明身体没有因病消瘦，是健康的状态。往重了称，表达了当时的人们"对顺利度过炎炎夏日"的美好期望。

三烧五腊九时新

"三烧五腊九时新"是古时候立夏时节，江浙一带饮食习俗的总称。由于立夏过后天气转热，时令果蔬和各种鱼虾纷纷上市，市场供应变得丰富，人们开始采购、尝鲜。时间长了，慢慢形成了这样的习俗。

"三烧"指的是烧饼、烧鹅、烧酒。烧饼也叫"夏饼"，有的地方会用烧鸡代替烧鹅，而烧酒指的就是甜酒糟。

"五腊"指的是黄鱼、腊肉、咸蛋、海螺、清明狗。前四个都好理解，"清明狗"究竟是啥？原来，它是古时候江浙地区吃的一种小狗形状的糯米团子，清明制作，立夏食用，因而得名。民间谚语也提到："吃了清明狗，一年健到头。"图的就是一个健康吉祥。

烧酒

烧饼

烧鹅

咸蛋

清明狗

黄鱼

腊肉

海螺

因为地方物产的不同，"九时新"对应的东西也不同，樱桃、梅子、蚕豆、苋菜、黄豆笋、莴苣笋、鲥鱼、玫瑰花、乌饭糕是江浙一带的一种说法。"九时新"总的来说，其实就是吃应季食物。一方面，应季食物容易获得；另一方面，古时候不像现在，有冷库、冰箱来储存大量蔬果鱼肉，不及时吃掉，这些食物很容易因为高温潮湿的天气而腐败变质。

玫瑰花

莴苣笋

乌饭糕

蚕豆

鲥鱼

苋菜

樱桃

黄豆笋

梅子

我眼里的立夏

　　立夏悄悄地来了，你周围的大自然有什么不一样的地方吗？写一写或画一画，把你的发现记录下来吧！

小满

每年公历 5 月 20 日～ 22 日交节。

　　小满是二十四节气中的第八个，
　　指的是某些东西渐渐变"满"了。
　　不过这个"满"，南方北方各不一样，
　　聪明的你能试着猜一猜吗?

小满，原来如此

　　二十四节气的名称，绝大多数都比较好理解，看到名字，大多能猜中它的意思，而"小满"则是不太好理解的少数节气之一——明明两个字都很简单，放在一起却不知道它要表达什么。原来，以麦子为代表的夏季成熟作物，到了这个时候，籽粒开始灌浆，慢慢长大，变得饱满起来，但又没有完全成熟。这种"将满未满"的状态就是"小满"。

　　南方地区关于小满还有另一种说法。这时雨天不仅多，雨下得还大，江河与湖泊中的水明显变多，于是就有了"小满小满，江河渐满"的说法。这时的小满，指的就是"河湖之中水快满了"的意思。

小满三候

初候，苦菜秀

苦菜是一种野菜，小满前后长得十分繁茂，可以摘下来吃。古人每到小满初候前后就会外出摘苦菜，将它们炒熟或者凉拌，以不同的方式品尝这种应季的美味。

二候，靡草死

靡草是一种只生长在春天的野草，细长又柔软。进入小满，到了二候前后，太阳光渐渐变得毒辣，气温也越来越高，像靡草这样喜阴的野草就会因为高温而枯死，于是有了"二候，靡草死"的讲法。

三候，麦秋至

"麦秋"的"秋"可以理解为秋色，也就是黄色。"麦秋至"说的是麦子开始由青转黄，表示即将成熟。有风的天气，田里还可以看到风吹麦浪的美丽景象。

古人说小满

归田园四时乐春夏二首（节选）

宋·欧阳修

南风原头吹百草，草木丛深茅舍小。
麦穗初齐稚子娇，桑叶正肥蚕食饱。

译文

南风渐起，吹拂着田间地头的百草，草木丛生日渐茂盛，连茅舍看起来都变小了一般。田里的麦穗已经抽齐，如同小孩子一样娇嫩；桑树叶子正是肥硕之时，能让蚕吃饱。

小满古谚语

吃大碗，看小满。
小满小满，麦粒渐满。
小满有雨小麦收，小满无雨小麦丢。

"大满" 去哪儿了

仔细观察二十四节气的名称，你会发现，带"小"字的节气，往往有另一个带"大"字的节气对应，比如小暑和大暑、小雪和大雪、小寒和大寒，唯独小满是例外。

为什么古人创造二十四节气时，只有"小满"而没有"大满"呢？原来，这和我们的传统文化有关。《说文解字》对"满"的解释是"盈溢也"，意思就是多到能够溢出来了。溢出来就是损失，是浪费。因而在中国的传统文化里，"满"并不是一个很好的状态。

就像"自满"这个词，一个人一旦认为自己已经"满了"，再装不下新的知识，也就不会再进步。这一点在很多古话中都能得到验证，比如"满招损，谦受益"。

古人认为有"小满"的状态就很好了。"大满"意味着"太满"，会过犹不及。

别倒啦，已经溢出来啦！

19

小满小满，江河渐满

前面提到，对于南方地区来说，"小满"还有另一层意思——河流湖泊里面的水位迅速上升，快要满了。水位的这种变化跟小满节气期间的天气状况直接相关。

小满期间，太阳直射在地球上的位置不断北移，整个北半球的温度逐渐升高。具体到中国，由东南部海洋吹向陆地的暖湿气流，实力越发强大，让更多的水汽进一步深入内陆地区。跟冬天相比，大部分地区的湿度明显提高。此时的冷空气力量已经明显减弱，但依旧能自北向南，一波接一波地扰动大气。冷暖空气一相遇，很容易形成降雨。

进入小满后，南方大部分地区的空气湿度已经非常高了，晴天的闷热感很强。冷暖气流在此相遇，很容易引发大范围的强降水。暖湿气流控制的地区，温度越高，湿度越大，冷空气过境引起的对流就越强烈，形成的强对流天气就越剧烈。

生活在南方地区的人们应该很有感触，往往一小时前还蓝天白云、晴空万里，一小时后就乌云密布，电闪雷鸣。如果云层够厚，乌云更是如同遮天蔽日一般，甚至能给人带来夜幕降临的错觉。这时，过不了多久就会刮起狂风，倾盆暴雨往往接踵而至，甚至落下冰雹。

　　入夏之后的南北方，都可能遭遇这种暴雨的袭击。南方湿度比北方更高，下这种暴雨的机会更大，时间也更长，而且区域往往比较集中。大量雨水落到地面后汇入河湖，使得水面快速上涨，这便是民谚"小满小满，江河渐满"的直接原因。

　　这种雨虽然势头很猛，但消散得也很快。如果行走在户外的你，遇到了这种来势汹汹的暴雨，一定要就近到建筑物中躲雨。切记不要跑去大树下，注意远离大型广告牌或建筑外面的悬挂物，不要在雨中猛冲，尽量绕开地面的积水，以免发生意外。

小满动三车

"小满动三车"是一句民间谚语，说的是古时候小满时节，江南一带的农村地区，踏水车、缫丝车、榨油车"三车齐动"的热闹农忙景象。

踏水车

小满节气正值初夏，阳光逐渐充足，气温日趋升高，蒸发量迅速增大。如果雨水来得不及时，田里又没有提前蓄水，等到下个节气芒种，高温天气很容易让田坎失水干裂，无法栽插新一季水稻，从而影响下半年的收成。

根据长年的耕种经验，江南一带的人们意识到小满蓄水的重要性——蓄水如蓄粮。于是，小满一到，家家户户齐上阵，脚踩水车引水入田，时间一长，便成了习俗。此外，人们还编出了"小满不满，干断田坎"的农谚，警示小满忘记蓄水带来的危害。

缫丝车

缫（sāo）丝是一种把蚕茧制成蚕丝的工艺，而缫丝车就是人们用来缫丝卷线的工具。

相传很久以前，黄帝的妻子、西陵氏之女嫘祖，发现从蚕茧中抽出的丝线可以织成衣服，于是就把这项工艺教给了人们。我国也从距今约5000～7000年的仰韶文化遗址中，挖掘出可以用来纺织丝和麻的纺轮。到了汉代，用于缫丝卷线的纺车被发明出来。我国最早的字典《说文解字》中，还专门收录了"軖（kuáng）车"的词条，它就是最早的缫丝车。

缫丝用到的蚕茧，其实是蚕蛹外面的保护壳。入夏之后，气温升高，雨水增多，这种温暖湿润的气候条件非常适合桑树生长，鲜嫩多汁的桑叶是新孵出的幼蚕最喜欢的食物。到了小满前后，幼蚕开始结茧，江南一带的养蚕人家便会将蚕茧采摘下来，准备开动缫丝车进行缫丝卷线，制作各种丝织品。

榨油车

　　还记得春天时，盛开在田间地头的大片金黄色油菜花吗？在由春入夏的过程中，这些金黄耀眼的花瓣渐渐凋零脱落，与此同时，油菜籽慢慢成熟、饱满。到了小满前后，完全成熟的油菜籽油黑而透亮，就像一颗颗细小的黑珍珠，只等人们前来收获。

　　油菜籽是榨油的好原料，也是自古至今重要的油料作物之一。过去没有现在的先进机械，获取油菜籽比较费时、费力。人们先要收割油菜，放在地里暴晒；等晒到发干、发脆时，通过不断拍打、过筛的方式，把菜籽从油菜里分离出来；接着，将收集的这些菜籽摊在院子的空地上，利用暑热烘干剩余的水分；等完全晒干后，油菜籽就会被送到油坊，通过榨油车，变成香喷喷的菜籽油。

香喷喷的烤麦子

古时候，到了小满节气，北方地区还有一种时令美食——烤麦子。这与麦子的生长习性有关。

对于北方地区来说，"小满"这个节气名称，说的就是麦子的长势。古代历书中记载："麦至此方小满而未全熟，故名也。"北方的冬小麦、大麦等夏熟作物，虽然籽粒饱满，但还没有完全成熟，因而把这一时期用"小满"来命名。

小满时的麦子，虽然乍看之下还是一片青绿，但麦穗早已抽齐，根根麦穗中的颗粒也接近饱满，距离收获的日子不远了。此时，麦农们会怀着喜悦的心情，经常下到田里观察小麦的长势。这个过程中，人们还会顺道从自家麦田里掐一些麦穗回来，放在火上烤着吃。

新采摘的麦穗烤熟之后，不仅会散发出一种独特的焦香，而且里面的麦粒嚼起来还很筋道，非常可口。

25

我眼里的小满

　　小满悄悄地来了，你周围的大自然有什么不一样的地方吗？写一写或画一画，把你的发现记录下来吧！

27

芒种

每年公历6月5日～6日交节。

芒种是二十四节气中的第九个，
它的意思是"有芒的麦子快收，有芒的稻子可种"。

芒种，原来如此

芒种也叫"忙种"。如果说芒种不好理解，"忙种"就变得简单多了，说白了就是这时天气好，该忙着种地了。芒种前后，南方的长江中下游地区开始进入多雨的黄梅季。此时雨下不停，气温又比较高，适合作物生长。这个时候，农民们就会抓紧时间，抢种适合在春夏季生长的作物，及时移栽水稻，确保到了秋天能有不错的收成。

至于"芒种"的"芒"，它指的是谷类植物的种子壳上或者草木上，像细细的针尖一样的东西。有句古话叫"针尖对麦芒"，说的就是这两样东西很像。

芒种三候

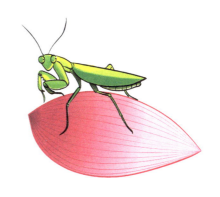

初候，螳螂生

进入芒种之后，螳螂在去年深秋产的卵相继破壳，小螳螂们纷纷来到世界上开始生活，于是形成了"初候，螳螂生"的说法。

二候，鵙（jú）始鸣

"鵙"是一个古字，指的是今天的"伯劳鸟"。这种鸟类不仅能够捕食昆虫，还会捕食其他幼鸟、幼鼠，并且会将捕获的肉挂上树枝。由于比较凶狠，它也被称为"屠夫鸟"。到了芒种的二候，伯劳鸟渐渐活跃，开始鸣叫欢舞。

三候，反舌无声

和前面的伯劳一样，反舌也是一种鸟，擅长学习其他鸟类的叫声。不过和其他动物不同的是，芒种时的反舌鸟反而不那么活跃了，不再发出声音。于是古人把听不到反舌鸟叫声的这种物候变化定为芒种的三候。

立夏　小满　**芒种**　夏至　小暑　大暑

31

古人说芒种

时雨（节选）

宋·陆游

时雨及芒种，四野皆插秧。
家家麦饭美，处处菱歌长。

译文

雨水在芒种应时而下，四周的田地到处都插满了秧。家家户户都在享用美味的麦饭，河塘里的采菱歌声阵阵悠扬。

芒种古谚语

芒种不种，再种无用。
芒种前，忙种田；芒种后，忙种豆。
芒种前后麦上场，男女老少昼夜忙。

忙 "三夏"

芒种是天气变热的重要节点，气温显著升高，湿度明显增大。在这期间，整个中国除了黑龙江最北部，以及有"世界屋脊"之称的青藏高原地区以外，都可能出现高温天气，人们将真正体验到夏天的炎热。

在这明显变热的期间，农民们却不能歇着，因为芒种节气来临，意味着"三夏"大忙时节开始。这里的"三夏"指的是夏收、夏种、夏管，也就是当前要成熟的作物该收割了，打算在秋天收获的作物该播种了，春天已经种下的庄稼该管了。如果因为天气变热而误了农时，没有及时做好这些事情，就会影响当年的收成。

既是"梅雨"，又是"霉雨"

芒种节气前后，长江中下游地区会出现阴雨连绵的天气，空气非常潮湿。与此同时，江南一带的梅子转黄成熟，于是古人很浪漫地将梅子黄熟期间的连绵雨天，称为"梅雨天"或者"梅雨季"，简称"梅雨"。

梅雨期间，气温比较高，在这种高温高湿的条件下，人的感觉非常闷热。家里存放的衣物、被褥、粮食作物等，如果晾晒不及时，非常容易长霉，于是人们也把这段时间称为"霉雨"。

梅雨这种气候现象，全世界只有东亚地区才有，具体到中国，只有长江中下游地区才有。这是特殊的海陆位置造成的。

中国的季风气候非常典型，冬季风带来的冷气流由陆地吹向海洋，干燥而寒冷；夏季风带来的暖气流由海洋吹向陆地，温暖而湿润。随着冬季的远去，冬季风的影响范围由南向北逐渐后撤；盛夏的到来，让夏季风的影响范围日渐北上。这两股势力在芒种节气前后，会在长江中下游一带对峙。由于两股力量势均力敌，冷暖气流交汇形成的锋面就在这一地区徘徊，形成"准静止锋"。锋面不移动，雨带不离开，这便是梅雨天气出现的原因。

冷气流

暖气流

冷暖气流开始在长江中下游地区对峙时，标志梅雨期的开始，此时叫"入梅"；暖气流彻底战胜冷气流，盘踞整个长江中下游地区时，梅雨期结束，此时叫"出梅"。从"入梅"到"出梅"就是整个梅雨季，一般持续一个月的时间。

梅雨是冷暖气流势均力敌的结果，任何一方力量偏强或偏弱，都会导致梅雨季发生异常，有时提前，有时推迟，有时延长，有时缩短。有的年份甚至不会出现梅雨天气，人们会把这种情况称为"空梅"。

有人也许会问："没有梅雨天气，东西就不容易长霉了，不是正好吗？"其实不是。相对于物品长霉，人们更关注梅雨给农作物生长带来的影响。

江南一带，芒种时节正是插秧的黄金期，农作物的生长需要大量的水，梅雨季的降水刚好能解决这个问题。如果梅雨季缩短或者出现空梅的情况，导致降水偏少，或者梅雨季过于提早、推迟，让降水时间与农作物生长时间不匹配，都会使农作物的生长受限，从而影响粮食的收成。

麦收如救火

芒种时节，南方地区忙着种稻子，北方地区忙着收小麦。收小麦有多忙呢？古人总结了一句谚语——麦收如救火。

收割成熟的麦子而已，古人为什么如此着急呢？原来，小麦到了成熟期，如果遇到大雨天气，麦田出现积水，就会导致小麦烂根。之后一旦出现大风天，很容易出现"倒伏"的现象，也就是小麦倒在麦田里。泡了水的麦子会发霉，而发了霉的麦子就没办法再吃了。北方夏天的对流现象比较频繁，容易出现雷雨大风天气。为了避免大雨大风影响小麦的收成，古人就会赶在芒种前后抢收麦子。

另外，麦子完全成熟后，麦粒本身也容易脱落。为了避免这些损失，有些农民就会在麦子长到八九分熟时提前收割。

送花神

芒种前后已是盛夏，气温很高，雷雨大风天气非常频繁，这种气候环境下，各种各样的花朵相继枯萎、凋零。古时候的人们并不了解花开花落背后的秘密，认为花的开落由花神掌管。于是，人们便在芒种日举行祭祀花神的仪式，在枝头缠绕漂亮的丝绸缎带，或者摆设多种礼物送别花神，希望来年花神还能如期来到人间，久而久之，就演变成了"芒种送花神"的习俗。

有"送"自然就有"迎"，每年农历二月二日的花朝节就有"迎花神"的习俗。此时正值冬去春来之际，百花待开，过去民间也会举行盛大的仪式,迎接花神的到来。说是迎花神，其实也是期望生机勃勃的春天能早日降临人间。

"端午" 知多少

芒种节气里有个非常著名的传统节日——端午节。大家年年过端午节、吃端午粽,那么"端午"究竟是什么意思呢?

先说"午"字,它来自中国古代天文历法——天干地支。一年的第五个月叫"午月",一个月的第五天叫"午日"。"端"的意思是"开头",因而"端午"说的是午月的头一个午日;用天干地支法表示,这一天刚好是"午月午日",因为两个"午"相逢,端午也被叫作"重午"。

端午节是我国四大传统节日之一,除了吃粽子,古时候还有很多节日习俗,如挂菖蒲艾叶、佩戴香囊、饮雄黄酒、赛龙舟等。这些习俗的由来都和芒种特殊的气候条件有关。此时天气炎热,蚊虫滋生,正是"五毒尽出"的时候,加上过去的医疗水平有限,人很容易得传染病。在当时人们的认知中,夏日五月是生死分判的恶月,阴气萌生的五月五日是一年中最凶险的日子,充满了不吉祥的因素。为此,人们纷纷举行各种各样的祭祀活动,同时佩戴一些带有气味、能驱虫害的物品,或者服用一些药酒。这便是端午习俗的由来。

很多人可能都认为，划龙舟是为了纪念屈原，民间还有纪念伍子胥、纪念曹娥等多个版本的说法。早在汉魏时期，吴国人周处的《风土记》，就有了关于端午竞渡的记载，说明三国时期，人们已经开始在端午日划龙舟竞渡了。

其实，划龙舟这项活动本质上也是在表达驱邪避灾的愿望。划龙舟和过去用龙图腾进行祭祀的节日礼仪有关，源于古代的一种遗俗，最早可以追溯到 7000 多年之前。考古资料显示，古人当时已经掌握了挖空圆木做独木舟的技术，后面出于对龙的崇拜，将独木舟雕成了龙的样子，以赛龙舟的方式祈求获得龙神保佑，让日子过得风调雨顺。

我眼里的芒种

芒种悄悄地来了，你周围的大自然有什么不一样的地方吗？写一写或画一画，把你的发现记录下来吧！

夏至

每年公历 6 月 21 日 ~ 22 日交节。

夏至是二十四节气中的第十个，
也是最早被确定的节气之一，
它还是中国一年中白天时间最长的一天。

夏至，原来如此

　　进入夏至之后，人会明显感觉到炎热，而且由于湿度大，还会觉得闷闷的，动不动就出汗。天气也慢慢多变起来，明明中午还是蓝天白云，到了下午或傍晚，突然就乌云密布、狂风暴雨。

　　过去，夏至是一个重要的传统节日。清朝之前，夏至这天全国都要放假一天，好让人们能躲开炎炎夏日，回家与亲人团聚畅饮，祭祖祈福，获得"秋报"。由于人们能有短暂的休息时间，夏至也叫"歇夏"。

夏至三候

初候，鹿角解

进入夏至，鹿头上的角慢慢开始脱落。鹿的角每年这个时候都会自然脱落，之后会再长出来。古人注意到了这个特有现象的发生时间，因此有了"初候，鹿角解"的说法。

二候，蜩始鸣

蜩，就是知了。夏至的风，带来的不仅有日渐升高的气温，还有大家熟悉的蝉鸣。什么时候开始听到树林里不停地传来知了的"吱——吱——"声，那就说明夏至要来了。

三候，半夏生

半夏是一种药草，一般在夏至日前后生长。由于这个时候夏天刚好过半，古人就给它起了"半夏"的名字。

古人说夏至

竹枝词二首（其一）

唐·刘禹锡

杨柳青青江水平，闻郎江上唱歌声。

东边日出西边雨，道是无晴却有晴。

译文

杨柳枝条根根青翠，江河水面宽阔平静，有情儿郎泛舟江上，传来阵阵唱歌声。东边出着太阳，西边下着雨，说它不是晴天，却又能见到晴天。

夏至古谚语

夏至不雨天要旱。

夏至东南风，平地把船撑。

吃了夏至面，一天短一线。

北斗七星与二十四节气

　　说起"北斗七星"，大家都不陌生，它由天枢、天璇、天玑、天权、玉衡、开阳、摇光七颗星组成，由于将它们连起来像一个古代舀酒的斗，故起名"北斗七星"。

　　北斗七星是北半球夜空中的重要星象。古人在很久之前就发现，二分二至日的夜里，北斗七星的斗柄会在亥时与子时的交替时刻（大约为现在的晚上11时）指向不同的方位。掌握这种变化规律后，古人就根据斗柄指示的方向来确定季节，其中古籍《鹖（hé）冠子》里记载得最详细："斗柄指东，天下皆春；斗柄指南，天下皆夏；斗柄指西，天下皆秋；斗柄指北，天下皆冬。"

　　最早的二十四节气，就是依照"斗转星移"的变化来制定的。北斗七星的斗柄旋转一圈就是一年，然后将一圈等分成二十四份，就形成了二十四节气。古人按照斗柄指向的方位变化判断时令，调整农业生产，从而不误农时，保证收成。

摇光　开阳
玉衡
天权
天枢
天玑
天璇

白昼最长的一天

　　夏至这天，太阳直射地球的位置到达一年的最北端——北回归线，约为北纬 23° 26′，与此同时，整个北半球的白昼时间将达到最长，而且越往北越长。例如，中国领土最南端的曾母暗沙，夏至这天的白昼时长约为 13 小时，首都北京约 15 小时，而位于中国领土最北端的黑龙江省漠河市，夏至的昼长超过 17 小时。

　　既然白昼时间最长，夏至是不是一年中最热的时候呢？不是。有句古话叫"不过夏至不热。"虽然夏至之后，白昼的时长一天天地缩短，但和夜晚的时长相比，白昼还是要长得多；地面接收的太阳辐射能量，也要大于地面向空中散发的能量，每天仍然有不少能量被积攒下来，结果就是气温还会继续升高。"不过夏至不热"的说法，也符合大家对夏天的印象，真正的夏天至此才刚刚开始。

夏至

每年公历 6 月 21 日～22 日交节

今天是白天最长的一天。

为什么会"立杆无影"

前面提到，夏至时，太阳直射点位于北回归线上。这一天，位于北回归线上的人们可以体验一件神奇的事情：正午时分，在地面上竖立一根笔直的杆子，你会发现杆子立好后，地面上居然没有影子。

这是怎么回事呢？

原来，影子是一种光学现象，它是由于光线被不透明的物体遮挡，无法继续传播而形成的。平时，太阳总会以一个倾斜的角度照射到地面，总有一部分阳光会被杆子挡住，从而形成影子。夏至这天，正午时分的太阳光垂直照射到地面上。垂直于地面的杆子，影子会落在物体的底部，因此北回归线上的人们可以看到"立杆无影"的现象。

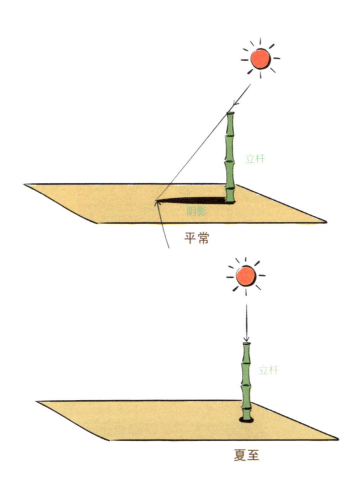

立杆

阴影

平常

立杆

夏至

夏至九九歌

夏至入头九，羽扇握在手。

二九一十八，脱冠着罗纱。

三九二十七，出门汗欲滴。

四九三十六，卷席露天宿。

五九四十五，炎秋似老虎。

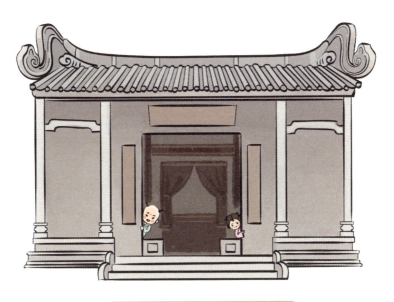

六九五十四，乘凉进庙祠。

七九六十三，床头摸被单。

八九七十二，子夜寻棉被。

九九八十一，开柜拿棉衣。

古人怎样消暑

夏至之后，气温还会继续升高。在地里干活的男人们，大不了光着膀子，卷起裤腿，赤脚下地。古代女子可没有现代的短袖与短裙穿，当时也没有电扇、空调，对大多数百姓而言，"夏日饮冰"至少是宋代之后的事情，那么古时候的女子，还有什么特殊的消暑办法呢？

原来在夏至这天，民间的女子有互送彩色扇子、脂粉等习俗，以此来消夏避暑，古书《酉阳杂俎·礼异》中就提到："夏至日，进扇及粉脂囊。"《辽史·礼志》中也提到："夏至日谓之'朝节'，妇女进彩扇，以粉脂囊相赠遗。"

扇子应该是最古老、最容易使用的消暑神器了，用手轻轻一扇，清凉的感觉便扑面而来。粉脂是用药材、香料调和成的一种膏，涂抹在身上，可以散掉体热生发的浊气，以免身上长痱子。至于"囊"则是香囊，佩戴在身上可以遮盖汗味，和现在的香水作用差不多。

好吃的"两面黄"

"两面黄"是夏至时，江南地区吃的一种节俗食品，它是由面条加工而来的，过去被称为"面条中的皇帝"。

做两面黄时，先要将面条下锅煮熟，然后捞出锅过凉水，滤干后加一些油和盐拌匀备用。

接着，将一口均匀抹过油的锅放在火上加热，把之前拌好的面条平铺在锅内，用大火将底面煎至金黄色后翻面，直到两面都金黄时出锅。这便是"两面黄"名字的由来。

接下来就是做调味的浇头了，可以根据个人的口味喜好来做，比如炒一些肉丝、虾仁，或者蘑菇等，重点是调料要多放一些，汤汁要多一些，这样才能让浇头的味道更好地渗入面条当中。

"两面黄"非常好吃，而且做起来也不难，感兴趣的小朋友，不妨在爸爸妈妈的帮助下试一试。

我眼里的夏至

夏至悄悄地来了，你周围的大自然有什么不一样的地方吗？写一写或画一画，把你的发现记录下来吧！

小暑

每年公历 7 月 7 日 ~ 8 日交节。

小暑是二十四节气的第十一个节气。
从小暑开始，浓浓暑意即将扑面而来。

小暑，原来如此

古人创造"暑"这个字，表达的就是炎热的意思，后用来表示炎热的日子，也用来指称夏季。暑前面加个"小"字，表示小暑时节，极端炎热的天气才刚刚开始，还没到一年里最热的时候。

虽然我国地域辽阔，不同地方的气候差异非常大，不过到了小暑前后，大部分地区都开始热了起来，农作物也在这个时期进入苗壮成长的阶段。为了秋天有个好收成，农民们这时要花费更多的时间和精力在田间劳作。

小暑三候

风都是热的。

初候，温风至

从小暑开始，温度明显升高，人们已经能明显感觉到连吹在身上的风都是温热的，于是用"温风至"来形容小暑初候时的变化。

二候，蟋蟀居壁

到了小暑的二候，炎热的天气让蟋蟀都离开了田野，躲到庭院相对阴凉的墙角避一避暑气。这就叫"蟋蟀居壁"。

三候，鹰始挚

"挚"有"击"的意思，"鹰击长空"说的就是"雄鹰振翅飞向天空"。三候时，气温进一步升高，就连老鹰都觉得地面的温度太高，而选择去更清凉的高空飞翔。

立夏　小满　芒种　夏至　**小暑**　大暑

59

古人说小暑

喜晴

宋·范成大

窗间梅熟落蒂，墙下笋成出林。
连雨不知春去，一晴方觉夏深。

译文

窗外的梅子熟透落地，墙下的竹笋长大成林。连绵阴雨之中，春天早已不知不觉离去，偶然放晴，才感觉到盛夏时节早已来临。

小暑古谚语

小暑过，一日热三分。
小暑起燥风，日夜好晴空。
小暑若刮西南风，农家忙碌一场空。

小暑

每年公历7月7日～8日交节

小暑到，入伏了

古人把一年中最热的这段时间称为"伏天"，意思是这段时间阳气充足而阴气被迫藏伏于地下。至于"入伏"，意思就是进入伏天了。

伏天开始的日期，历书中有明确规定："夏至三庚便数伏。"从夏至日开始之后的第三个"庚日"就入伏了。这里的"庚日"是指古代的"干支纪日法"中带有"庚"字头的那一天。由于每个庚日之间相差10天，意味着第一个庚日和第三个庚日之间相差20天，而夏至与小暑间隔15天，由此推算入伏基本上都在小暑节气内，因此有"小暑到，入伏了"的说法。

伏天的特点是高温、高湿，这是因为此时来自海洋的东南风最为强盛，空气比较潮湿，在这样的环境中，人会感到很强烈的闷蒸感，稍微动一动就汗如雨下。伏天的气候很容易让人中暑，因此要特别注意防暑降温，不要在烈日下待太长的时间。

雷暴是咋回事

雷暴是一种剧烈的天气现象，也就是打雷闪电的同时下暴风雨。这种天气常常发生在春夏之交，或者高温、高湿的伏天下午。天气预报里常说的"雷雨大风等强对流天气"说的其实就是雷暴。

由于地面温度很高，大气对流层下部的暖湿气流因为受热，不断升向高空，与对流层中上部的干冷气流相遇。前面说雨的成因时已经介绍过，冷暖气流相遇就容易形成降雨。相遇的过程越激烈，雨下得越急，打雷闪电也越频繁。

雷暴是一种中小尺度的强对流天气现象，发生的范围可能只有几十公里甚至几公里，持续时间可能只有一两个小时。不过，不要因为雷暴影响的范围小、时间短就掉以轻心。由于短时风大雨急，雷暴的大风可能刮倒树木，暴雨可能引发洪水或内涝，如果发生在山区还可能引起塌方或泥石流等。

因此，夏天外出一旦遭遇雷暴，一定要避开地势低洼的地方，到结实的建筑物内避雨。

夏天为什么会下冰雹

冰雹俗称"雹子"，是夏天或者春夏之交出现的一种天气现象。它也是一种降水形式，只不过降下来的不是水，而是小如绿豆的冰粒，或者如板栗甚至鸡蛋大小的冰球。夏天气温不是很热吗？为什么会下冰雹呢？

冰雹的形成过程非常复杂。夏天地表温度很高，水蒸气受热蒸发上升的气流比较强，水汽源源不断地升入空中，形成厚厚的云层，其中一种云就叫"冰雹云"，它是由雷雨云进化而来的。因此下冰雹时，往往会伴随雨水和雷电。

冰雹云看起来就像一座浮在空中的高山，云顶的温度可以低到零下30℃，里面的水汽早已冻成了冰粒，但云层底部的温度比较高，水汽并没有结冰。由于冰雹云内部的上升气流很强，底部水汽快速上升时遇冷结冰。与此同时，云内的下沉气流还会把顶部的冰粒、雪花带下来。这个过程中，冰、雪、小水滴可能相互抱团，融合在一起，于是就形成了冰雹。在随气流反复上升、下降的过程中，冰雹会越长越大。当上升气流托不住冰雹时，它就会从云里掉下来，砸向地面。

下冰雹时一定要到结实的建筑物里躲避，不要在户外行走，避免被冰雹砸伤。

冰雹好凉啊！

瓦罐都给砸坏了。

"晒伏"是啥意思

"晒伏",就是在伏天把衣服被褥等拿出来晾晒,因为这个时候,每天的日照时间长,太阳最毒辣,气温差不多是一整年的最高值,把存放的东西晒一晒,可以杀菌、除霉、防潮。

相传,农历六月初六这天是龙宫晒龙袍的日子,皇帝也在这天晒龙袍。民间没有龙袍,于是家家户户都晒衣服,把压箱底的棉衣、棉裤、毛衣、被褥拿出来,摊开放到太阳下。除了晒衣服,这个时候人们还会晒书籍、晒粮食。时间长了,伏天晒东西慢慢就变成了一种习俗。

直到今天,不少地方的人们到了暑期的大晴天,依然会把东西拿出来晒一晒。

小暑

每年公历7月7日~8日交节

小暑吃黍

在古时候，到了小暑时节，民间有"食新"的习俗——吃新米、尝新酒。"新米"，指的就是当时广为种植的粮食——黍。民谚中的"小暑吃黍，大暑吃谷"，说的就是这一习俗。由于不同的地方，饮食习惯不同，有的人会将新收获的黍去皮做成粥；由于煮熟的黍有一定的黏性，有的人则会将它做成黍米糕。作为粮食，它还可以用来酿酒。

古时候，小暑这天做好的饭，要先供奉五谷神灵与祖先，表示对大自然与祖先的感恩，之后再是"吃新米、尝新酒"。

黍是五谷之一，曾是人们餐桌上非常重要的主食。后来，随着农业生产技术不断提升，产量更大、口感更好的粮食作物越来越多，黍米也就慢慢淡出人们的餐桌了。

挑个甜甜的大西瓜

西瓜外面都有一层绿色的皮，有没有什么办法，单看外表，不切开瓜，就能知道里面的瓜瓤甜不甜呢？

首先，看西瓜皮。西瓜表皮的纹路越清晰、复杂，意味着蜜蜂授粉的次数越多，味道往往越甜。

其次，看西瓜屁股。西瓜长在地上那一面因为晒不到太阳，成熟的瓜往往也是淡黄色的，如果呈白色，说明瓜没熟，不好吃。

再次，看瓜脐。好吃的西瓜，瓜脐往往很小，而且微微往里凹。

最后，还可以轻轻拍一拍西瓜。好西瓜会发出沉闷的"咚咚"声。

瓜蒂其实也是一个特征，好西瓜的瓜蒂往往比较卷，但商家有时候会把瓜蒂揪掉，从而让人无法分辨。

小暑

每年公历7月7日~8日交节

清热解暑绿豆汤

俗话"入夏无病三分虚",这是因为小暑时节天气炎热,人体消耗非常大,常常感到精神疲惫、没有食欲。这个时候要注意解热防暑,补充体力。绿豆汤就是炎炎夏日的消暑美食之一,自古以来就广受人们的喜爱。

据传,绿豆汤是唐代名医孙思邈发明的,不过里面除了绿豆,还混合了其他药材,主要用来治病。后来,药用的绿豆汤慢慢演变成了日常喝的普通绿豆汤,成了夏日里人们消暑养生的神器。

制作绿豆汤特别简单。将洗干净的绿豆倒入锅中,加适量的水,使水面没过绿豆表面约2厘米;大火煮开后改用中火,适时搅拌防止粘锅;锅中水快煮干时再加入大量的水,盖上盖子继续焖煮;待绿豆破壳软烂,汤汁呈碧绿色即可。喜欢甜味还可以加入适量冰糖。

绿豆汤的煮法有很多,感兴趣的小朋友可以在家长的指导下动手尝试。

我眼里的小暑

　　小暑悄悄地来了，你周围的大自然有什么不一样的地方吗？写一写或画一画，把你的发现记录下来吧！

大暑

每年公历 7 月 22 日 ~ 23 日交节。

大暑是二十四节气的第十二个节气，
表示天气炎热到了极点。

大暑，原来如此

大暑是整个夏季的最后一个节气。

了解小暑名字的由来后，相信大家也能猜出"大暑"的含义了。进入大暑之后，阳光变得更加猛烈、毒辣，加上空气非常潮湿，人在这个时候会有很强的闷蒸感，平时常说的"桑拿天"，往往出现在这个时候。用"大暑"来称呼一年里最极端炎热的天气，再合适不过了。

大暑三候

初候，腐草为萤

大暑刚至，闷热的夏夜里便出现了星星点点的萤火虫，于是古人便以为，萤火虫是由高温腐败的草木演变成的。其实不是，由于萤火虫常将卵产在水边的草根上，多半潜伏在土中，来年夏季草蛹变为萤火虫时，刚好赶上草木腐败之时，于是古人才有了"腐草为萤"的误解。

二候，土润溽暑

大暑时节，由于雨水丰富，土壤非常湿润，加上气温也比较高，人常常有不舒服的闷热感。不过，很多植物却喜欢这样的环境，特别是水稻之类的喜水性作物，往往会在这个时候快速生长。

三候，大雨行时

大暑三候的这段时间，几乎都是雨热同期的潮热天气，随时都可能下雨，往往早晨还阳光明媚，到了中午之后就开始电闪雷鸣，大雨倾盆而至。这些雨水似乎也在宣告，充满热风和绿色的夏季将要离去，不久之后，世界由青转黄，秋天就要降临。

立夏 小满 芒种 夏至 小暑 大暑

古人说大暑

晓出净慈寺送林子方

宋·杨万里

毕竟西湖六月中，风光不与四时同。
接天莲叶无穷碧，映日荷花别样红。

译文

到底是六月里的西子湖，风光和其他时节迥然不同。连接天际的莲叶，显露出无尽的碧绿，骄阳与荷花相映，色泽分外鲜红。

大暑古谚语

大暑热不透，大热在秋后。
大暑连天阴，遍地出黄金。
大暑不割禾，一天少一箩。

大暑至，正是一年最热时

大暑节气最突出的特点就是一个字——热。

古书中将大暑的"大"解释为"炎热之极"，也就是一年中最热的时候，现代气象观测的结果也和古人的感受一致。在夏季最后一个节气里，我国大部分地区的气温都会达到一年中最高的水平，不仅平均气温在二十四节气中最高，平均的高温日数最多，出现极端高温天气的次数也是大暑时节最多。

大暑为什么这么热呢？原来，这个时候地面蓄积的热量达到最高值，地表温度居高不下，而此时降雨又非常频繁，空气湿度很高。高温又高湿的环境，会让人产生闷热的感觉，就像坐在热气腾腾的蒸笼里一样。特别是被副热带高压控制的长江中下游地区，整个夏天都骄阳似火，风小湿度大，大暑期间尤其闷热难耐。其中长江沿岸的南京、武汉和重庆三座城市，因为高温的度数与炎热的时长排名前列而被称为"三大火炉"。

立夏　小满　芒种　夏至　小暑　**大暑**

夏天太热了……

南北方的 35℃为啥不一样

高温、高湿的夏天，人们常常会感到闷热。诗人陆游就曾在《苦热》诗中感叹"日车不动汗珠融"和"坐觉蒸炊釜甑中。"大意是坐着不动也会汗流浃背，人就如同坐在蒸锅里一样。现在有了温度计，我们可以更直观地看到气温的高低。不过，细心的你也许会注意到，同样是 35℃的气温，人在南方感受到的，和在北方感受到的不太一样。这就要提到两个概念——气温和体感温度。

天气预报里报的气温，是在观测站里，通风良好、不被阳光直射、离地面 1.5 米高的百叶箱中测得的。它测量的是这种环境下的空气温度。体感温度，指的是人体实际感受到的温度。同样的气温下，体感温度会因为湿度、风力、日晒程度等因素的不同而不同。

气温与体感温度之间的关系非常复杂。简单来说，高温状态下，湿度越高，体感温度越高，人就会越闷热。南北方的 35℃之所以不一样，就是体感温度的差异造成的。因为正常情况下，北方的湿度低，尽管太阳下也很晒，但树荫下、通风好的屋子里相对凉快。南方因为空气湿度大，闷热感强，太阳下很晒，太阳照不到的树荫下也很闷蒸，总给人一种气温"报低了"的错觉。

连你都热得不想动了。

汪——

"中暑"是咋回事

炎炎夏日中，特别是在高温、高湿的环境下，人们很容易感到身体不适，这其实是身体发出的预警信号，建议人们离开当前的环境，好好休息。体温升高、出汗，人想脱衣服，渴望吹凉风、吃凉的东西，这其实都是身体的保护机制，希望将体内产生的热量尽快散发出去。如果这些热量不能及时被排出，堆积到一定程度时，人就很容易中暑。

盛夏是中暑的高发期。中暑的人往往体温偏高、大量出汗、面色潮红，并伴有头晕、头痛、口渴、全身乏力等症状，严重时甚至会昏迷。因此，为了避免中暑，夏天要注意及时补充水分，多喝一些白开水，多吃一些水果，同时减少户外活动的时间与强度，尤其要避开温度最高的午后，尽可能在温度相对低一些的早晚进行。

万一发现自己有中暑的感觉，要马上到阴凉通风的环境中休息，同时解开衣物，用凉水喷洒全身，或者用湿毛巾擦拭身体，并且不断扇风来加速身体散热。严重时要及时去医院请医生帮忙处理。

大暑不割禾，一天少一箩

大暑时节天气炎热，高温、高湿的天气容易让人中暑，但偏偏有一群人，大暑前后最为繁忙，他们就是南方地区种水稻的农民。

关于大暑期间的农事，有句谚语已经做了概括："大暑不割禾，一天少一箩。"这句话中的"禾"指的就是水稻。为什么大暑期间不收割水稻，每晚一天就要少收一箩筐呢？这里面有两层意思。

南方地区的水稻一般都是双季稻，也就是一年种两回，每年先种的叫"早稻"。早稻的成熟期大约是公历7月份，正好赶上大暑节气。这个时候，刚好又是多雷暴大风的季节，有时甚至天天都有雷阵雨。成熟的稻谷不收割，很容易因为风吹雨打而落在田里，腐烂变质，造成损失。还有一个原因，那就是早稻收割完，晚稻才能种。早稻收得晚，晚稻就种得晚。这样一来，等到晚稻成熟时，很容易赶上冻害天气，从而导致晚稻的收成受到损失。

为了保证双季稻都有好收成，农民们在大暑期间，往往在抢收早稻的同时，还得抢种晚稻，可以说非常忙碌。特别是在农业生产不发达的古代，人们主要靠天吃饭。盛夏的晴天再热，也是收粮种稻的黄金期，因此农民们没有选择，只能顶着烈日忙农活。

古诗中的"谁知盘中餐，粒粒皆辛苦"并没有夸张，粮食来之不易，大家都应当好好珍惜！

谁知盘中餐，粒粒皆辛苦！

送大暑船

"送大暑船"是江浙一带的民间习俗,早期其实是一种祈福消灾的仪式。传闻在清朝同治年间,浙江台州的椒江葭沚一带,大暑节气前后经常流行疫病。当时的人们普遍认为,这是触犯了神灵导致的。葭沚位于椒江入海口附近,沿岸渔民众多。为了祈求出海捕鱼顺利且平安归来,人们决定在大暑时期,将一艘满载供品的船只送至椒江口外,以向神灵表虔心。这是"送大暑船"的初衷。随着时间的推移,年年送船的祈福仪式慢慢就变成了一种民俗。

2021年5月,送大暑船成功入选第五批国家级非物质文化遗产代表性项目名录。

夏至的色香味

尝荔枝

福建一带的人们有过大暑吃荔枝的习俗。人们会提前将新鲜的荔枝采摘下来，洗净后放到冰水或凉水里，在大暑当天的晚饭后取出。此时，家人们围坐一堂，共同品尝鲜甜可口的冰荔枝。

吃凤梨

"大暑吃凤梨"是中国台湾地区的一句民谚，当地人认为大暑时节前后的凤梨最为美味。另外，凤梨在闽南语里的发音很像"旺来"，吃凤梨也就有了"吃出兴旺""生意兴隆""好运纷至沓来"的美好寓意。

食仙草

广东等地有大暑节气吃仙草的习俗。仙草也叫仙人草、凉粉草，是一种药食两用的植物。因为它有很好的消暑作用，人们便给了它"仙草"的美称。广东、福建一带喜欢吃的烧仙草，就是将仙草的茎叶晒干后，加水熬制再放凉而成的，加入一些糖水，就变成了一道很好的消暑甜品。

品伏茶

由"伏茶"的名字不难看出，这是一种三伏天喝的茶，它由金银花、甘草、夏枯草等十多味中草药熬制而成，清凉祛暑的效果非常好。浙江温州一带保留了喝伏茶的习俗，每到伏天，人们也习惯饮用这种特殊的茶饮消夏避暑。

喝暑羊

所谓"喝暑羊"，其实就是"喝羊肉汤"，华北的部分地区流传着这样的习俗。大暑这天本来就很热了，为啥还要喝热腾腾的羊肉汤呢？原来，此时正是人们忙夏收的时候，体力消耗很大，干完活喝一碗，可以迅速恢复体力，不影响第二天的劳作。久而久之，"喝暑羊"的习俗慢慢就形成了。

晒伏姜

在山西、河南一带的部分地区，到了伏天，人们会把洗好的生姜切片，与红糖搅拌后装入容器，蒙上一层纱布后放到太阳下晾晒。食用伏天晒过的姜，能够很好地祛除夏天因贪凉而入体的寒气，让人身体

健康。民谚"大暑晒一宝，平安无烦恼"说的就是晒伏姜，大家熟悉的"冬吃萝卜夏吃姜"也是同样的道理。

立夏　小满　芒种　夏至　小暑　大暑

我眼里的大暑

　　大暑悄悄地来了，你周围的大自然有什么不一样的地方吗？写一写或画一画，把你的发现记录下来吧！

写给小学生的

二十四节气 秋收

申楠　编著

孔學堂書局

二十四节气·夏长

二十四节气 · 秋收

 立秋

 处暑

 白露

 秋分

 寒露

 霜降

二十四节气 · 冬藏

立冬

小雪

大雪

冬至

小寒

大寒

目录
MU LU

立秋

立秋

每年公历 8 月 7 日 ~ 8 日交节。

立秋是二十四节气中的第十三个节气，
一般表示炎热的夏天就要过去，
凉爽的秋天即将来临。

立秋，原来如此

立秋是秋季的第一个节气，它就像一个热与凉的转折点。不过，自然界的变化都是循序渐进的。立秋过后虽然不会马上转凉，但我国大部分地区的气温、湿度、降水等气象指标，都将放慢继续上升的脚步，开始逐步降低或减少。这种微弱的转变，也让自然万物开始变得内敛，一改繁茂生长的状态，果实慢慢呈现出丰满成熟的样子。瓜熟蒂落的收获季就这样拉开帷幕了。

立秋三候

初候，凉风至

　　进入立秋时节，气温和湿度都开始下降，风吹在身上能让人感到丝丝凉爽，于是古人用"凉风至"来描述立秋初候时的变化，表示暑热的天气将要慢慢离去。

二候，白露降

　　二候之后，昼夜温差开始变大，清晨较低的气温，有利于地表空气中的水汽在植物叶片的表面凝结，形成一颗颗晶莹的露珠。这便是"白露降"。

三候，寒蝉鸣

　　立秋过后，凉风阵阵。在枝头感受到微微凉意的蝉也会鸣叫，仿佛在向人们报告凉爽秋天的到来。

立秋

每年公历8月7日~8日交节

古人说立秋

立秋日

宋·刘翰

乳鸦啼散玉屏空，一枕新凉一扇风。
睡起秋声无觅处，满阶梧叶月明中。

译文

小乌鸦的鸣叫声渐渐散去，只有玉色屏风空虚寂寞地竖立着。秋风吹来，枕边一阵清凉，就像有人在床边轻轻扇风一样。睡梦中朦朦胧胧地听见外面秋风萧萧，可是醒来去找，却什么也找不到，只见落满台阶的梧桐叶，沐浴在朗朗的月光中。

立秋古谚语

立了秋，把扇丢。
立秋下雨，百日无霜。
立秋早晚凉，中午汗还淌。

"秋"字的故事

说到"秋"，大家现在的第一反应就是"秋天""秋季"。其实"秋"字最开始不是这样写的。甲骨文里的"秋"如右图所示，看起来像一只虫子。有一种说法认为，这种虫子是蟋蟀。在北方，蟋蟀是秋天很有代表性的一种昆虫，而且蟋蟀的鸣叫声跟"秋"的发音也很像，于是人们把蟋蟀鸣叫，发出"秋"声的时节称为"秋天"。

为什么现在的"秋"字变成了禾字旁加一个火呢？有一种说法认为，秋季是蝗虫的活跃期，严重的蝗灾甚至能让作物颗粒无收。过去每当蝗灾来临时，人们就燃起大火，利用蝗虫的趋光性达到灭虫除害的目的。秋字从火，造这个字的本意，是人们用火焚烧大地，达到消杀害虫的目的。渐渐地，人们便以做这类农事行为的时间来指称"秋天"。

立秋

处暑 白露 秋分 寒露 霜降

小蟋蟀，你在里面吗？

立秋不等于入秋

　　虽然立秋是秋天的第一个节气，但我国地域辽阔，南北方相距约5500千米，气候差异巨大，加上中国的地势由西向东呈"三级阶梯"分布，海拔差异也很明显，因此全国不可能在立秋这天同时"入秋"。

　　实际上，中国大部分地区立秋时节还比较热，是仅次于大暑、小暑之后，一年中第三热的节气，因而古人也把这段时间的酷热称为"秋老虎"，中医把立秋之后到秋分之前的这段日子称为"长夏"。

　　总而言之，立秋虽然宣告秋天的开始，但并没有正式入秋，我们暂时感受不到秋天的凉爽气息，要感受到秋意，还得再过大约一个月。

什么是"晒秋"

立秋了，天气依旧非常炎热。对于渴望凉爽天气的人们来说，实在有些遗憾。不过，对于南方一些多山的地区，如湖南、广西、安徽、江西等地方，由于地势复杂，缺少平地，加上平日阴雨天较多，秋天干爽晴热的天气也是一种宝贵的资源，适合晾晒农作物。立秋之后，这些地方的农民就会充分利用自家的屋顶、窗台、晒架，或者将农作物平铺摊开，或者将作物成串挂晒，利用阳光晒干水分，延长作物的储存时间，这就是"晒秋"。至今，南方不少地区还保留着晒秋的习俗。

立秋

处暑

白露

秋分

寒露

霜降

又没下雨，你打伞干啥？

挡挡太阳也好，太晒了。

向日葵开了

世界上有一种花，中间是一个大大的圆形花盘，花盘四周长着金黄色的花瓣。这种花的花盘在开花前会随着太阳的东升西落而转动。相信大家已经猜到这是什么花了。没错，它就是向日葵，因为向着太阳而动的特性，也有人称它为"向阳花"。

夏末秋初是向日葵的盛花期，特别是连片的向日葵一齐开放时，场面非常壮观。整个花盘此时差不多已经长到最大，里面的小果实也愈发饱满。再过大约一个月，花盘里的瓜子就成熟啦。

桃子熟了

进入秋天之后，很多果实都将陆续成熟，秋天也因此被称为"瓜果飘香的季节"。这些果实当中，大家最熟悉的莫过于桃子。桃子的成熟期正好在立秋前后，算得上是秋天第一批成熟的果实。

桃子也分很多品种，从颜色上看，有红的、粉的、黄的……从口感上看，有的香软多汁，有的脆甜可口……不过，大部分的桃子表面都有一层细密的绒毛，接触后很容易让人皮肤发痒。因此，摸过桃子表皮要及时洗手，吃桃子一定要洗干净，或者直接削掉表皮。

立秋

处暑

白露

秋分

寒露

霜降

"贴秋膘"是咋回事

以前，立秋节气一过，人们经常会把"贴秋膘"三个字挂在嘴边。那么，什么是"贴秋膘"呢？

这个习俗发源于古时候的北方农村。

过去，农村地区的生活水平比较低，而夏季的农事又非常繁忙，人们的精力消耗很大。为了给干农活的青壮劳力补身子，人们到了立秋时就会杀猪宰羊，烹制一些营养菜肴。这就是"贴秋膘"。

还记得"立夏称人"的习俗吗？其实古时候人们也会"立秋称人"，并且将这时的体重跟立夏时的体重做对比。如果此时的体重减轻，经历的这个夏天就称为"苦夏"。过去的医疗水平有限，人们以胖瘦来评判一个人是否健康，瘦了就得补，而最方便的进补方式就是吃肉，靠肉贴膘。随着时间的推移，"贴秋膘"这种入秋进补的习俗慢慢就流传了下来。

贴秋膘啦！

为什么要"啃秋"

还记得"咬春"的习俗吗？"啃秋"其实是一样的道理，有的地方也叫"咬秋"。立秋前后，很多作物已经成熟，及时采摘品尝，为的就是感受这个时节最新鲜的滋味。换句话说，"啃秋"与"贴秋膘"，其实一脉相承。

在古时候的农村地区，啃秋习俗更多表达的是辛苦一年的农民们对丰收的喜悦。大家忙完农事，三五一组，找一片树荫席地而坐，随手挑一些丰收的作物就地开吃——比如可口的栗子、玉米、西瓜和香瓜等。

立秋 处暑 白露 秋分 寒露 霜降

11

我眼里的立秋

　　立秋悄悄地来了，你周围的大自然有什么不一样的地方吗？写一写或画一画，把你的发现记录下来吧！

处暑

每年公历 8 月 22 日 ~ 24 日交节。

处暑是二十四节气中的第十四个节气，
它表示炎热的暑天快要结束了。

处暑，原来如此

处（chǔ）暑是一个反映气温变化的节气。"处"的本义是"止息、停留"，和"暑"连在一起，表示"暑意止息，暑热停滞"的意思，也就是高温酷热的天气到处暑就要结束了。不过，暑热消退比较缓慢，这个过程会持续一个月左右。

二十四节气中，带"暑"字的节气有三个——小暑、大暑、处暑。大家熟知的三伏天，时间长达两个月，一般从小暑开始，经过大暑、立秋，到处暑结束。于是民间有一种说法："暑天来，伏天到；伏天消，暑将尽。"处暑也因此得名"末暑""出暑"。

处暑三候

初候，鹰乃祭鸟

处暑时节，苍鹰开始在空中盘旋，伺机捕捉鸟之类的猎物。鹰通常会将猎物当场吃掉，有的鹰会用爪子抓住猎物，掠过高空，带回巢中。古人便猜测，鹰是不是抓这些猎物回去祭祀呢？

二候，天地始肃

这里的"肃"是"肃杀"的意思，指的是地面上的植物不再发新芽，花朵渐渐残败，叶片逐步凋零，动物们的外出活动也日渐变少，天地万物慢慢萧条的自然景象。

三候，禾乃登

处暑也是一个丰收的时节，像禾苗之类的农作物一般就在这个时候成熟。所谓"五谷丰登"，说的就是这个时候。

古人说处暑

早秋曲江感怀（节选）

唐·白居易

离离暑云散，袅袅凉风起。
池上秋又来，荷花半成子。

译文

夏天浓密的云层渐渐散开，开始吹起微微的凉风。秋意再度来到池塘上，半数荷花凋零，只留下中间的莲蓬。

处暑古谚语

处暑天不暑，炎热在中午。
处暑谷渐黄，大风要提防。
处暑不锄田，来年手不闲。

处暑

每年公历8月22日～24日交节

立秋处暑正当暑

　　前面提到，处暑的意思是"暑意止息"，指"炎热的趋势到此为止"。

　　日常生活中，处暑前后的早上和晚上，我们确实能够感到一丝丝凉意，这一点在北方地区表现得尤为明显。不过，正午时分仍然比较热，有些时候的温度，甚至不低于小暑和大暑，这就是人们常常提起的"秋老虎"。

　　根据气象学家多年的观察和总结，"秋老虎"一般出现在公历 8 月下旬到 9 月上旬之间，正好是处暑节气的前后。这也很好地印证了古人总结出来的那句天气谚语——大暑小暑不是暑，立秋处暑正当暑。

一场秋雨一场寒

"一场秋雨一场寒"，这句民间谚语很好地说明了处暑时节将要迎来的气温变化。

这个时候，太阳直射的位置在持续南移，整个北半球获得的光和热将一天天减少。与此同时，西伯利亚一带开始频频生成一股股冷空气，将清凉的北风不断吹向南方。这些冷空气在南下的过程中与暖湿气流相遇就会形成降雨。每下一次雨，就会让降雨的区域气温降低一些。在冷风和雨的共同作用下，气温整体呈现缓慢下降的趋势。几场秋雨下来，夏日炎炎的感觉慢慢就消失了。这就是"一场秋雨一场寒"的道理。

处暑

每年公历 8 月 22 日～24 日交节

成熟的季节即将来临

处暑时节，中午热、早晚凉的气候条件，有利于农作物快速积累养分，庄稼成熟很快，民间谚语"处暑禾田连夜变"，就夸张地说明了这种变化的迅速程度。同属粮食作物的高粱也一样。过了处暑的高粱，红红的穗子在阳光的照耀下非常显眼。

除了粮食作物，大枣也在处暑时节成熟，民间谚语"七月十五半红枣，八月十五打红枣"说的就是处暑枣熟的事。这个时候，树上的枣子开始慢慢由青绿转为红色。人们纷纷拿起长长的杆子，将高处的枣子打落。孩子们则在地上到处捡拾落下的枣子，一边捡，一边吃。

不过小朋友，枣子再美味，还是拿回家洗干净再吃更好。

立秋 **处暑** 白露 秋分 寒露 霜降

21

秋天的叶子为什么会变色

　　一说起秋天，很多人的第一反应就是"叶子黄了"。为什么有的叶子，进入秋天之后就会由绿变黄，甚至变红呢？这里就要简单讲一讲叶子里面的三种物质——叶绿素、类胡萝卜素、花青素。

　　叶绿素是叶子中的一种绿色色素，存在于名叫叶绿体的细胞器中。可以说，绿色的植物里都有叶绿素，它在植物生长发育过程中不可或缺。

　　在植物光合作用中，叶绿素的功劳非常巨大，正是因为它的存在，阳光下的植物才能将叶片吸收的二氧化碳与根汲取的水分混合、消化，生成有机物与氧气。

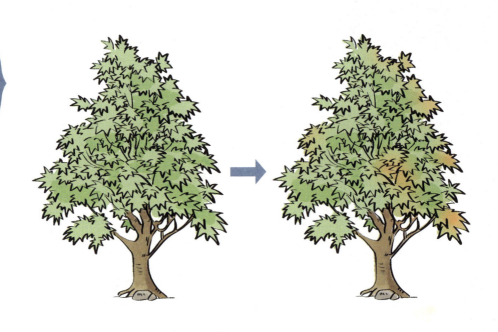

除了叶绿素，植物的叶片中还有其他色素，比如黄色的类胡萝卜素，它的颜色从名字中就能猜出来。春夏时节，叶绿素的含量占有绝对优势，盖过了其他色素，因此叶片看上去是翠绿的。处暑之后，随着气温逐步降低，空气日渐变得干燥，树叶中的叶绿素会因为逐步被分解而慢慢减少，叶绿素的占比越来越低。与此同时，黄色的类胡萝卜素却不受影响。类胡萝卜素在叶子中占的比重越大，叶子的颜色就越黄。这是秋天树叶变黄的根本原因。

此外，还有一种植物色素叫花青素。秋天干燥、凉爽的日照环境有利于花青素的形成，它主要呈红色。有些植物的叶片中，叶绿素大幅减少后，花青素占了主导，叶子看上去就是火红火红的。

秋天枫叶为什么会变红？相信这下你知道原因了吧。

处暑送鸭，无病各家

处暑时节，一些地方有个特殊的习俗——送鸭子。有的送给亲朋好友，有的送给左右邻居。民间把这种习俗总结为一句谚语："处暑送鸭，无病各家。"处暑送鸭子和不生病之间又有什么关联呢？

原来，古人认为农历七月中下旬的鸭子最为肥美。这个时候的鸭子，由于要应对寒冷的冬天，早早地储备好了脂肪，营养价值很高。临近秋天，干燥的北风日渐频繁地吹来，人很容易因为秋燥而上火，因此入秋了要多吃一些润燥的食物。另外，过去的夏天是劳苦的季节，身体消耗非常大，夏秋之交，吃一顿用肥美鸭肉做的菜肴，或者喝一碗营养的鸭肉汤，在润燥的同时还能补充营养，再合适不过了。

鸭子是常见的家禽，处暑时节做一只鸭子，自家吃不完，分一些给亲朋邻居，图一个"大家都平安无事"的好兆头。久而久之，处暑送鸭的习俗就流传了下来。

鸭子别跑！我要把你送给大姨！

中元时节放河灯

处暑节气前后有一个非常盛大的纪念节日——中元节。中元节在每年农历的七月十五，也叫"七月节""盂兰盆节"，曾与除夕、清明、重阳并称中国传统祭祖的四大节日，人们多在这一天纪念去世的亲朋好友，同时表达对未来的美好期望。

在众多的纪念仪式中，除了大家熟知的烧纸钱，最隆重的就是放河灯了。过去，河灯上可能会写上故人的名讳，放灯时，老一辈人的嘴里还会不停地念念叨叨。如今，放河灯已经成为一种节日仪式，人们以此表达对未来的美好祝福。

我眼里的处暑

处暑悄悄地来了，你周围的大自然有什么不一样的地方吗？写一写或画一画，把你的发现记录下来吧！

白露

每年公历 9 月 7 日 ~ 8 日交节。

白露是二十四节气的第十五个节气，
因这时可以在草木的叶子上见到白色的露水而得名。

白露，原来如此

进入"白露"之后，昼夜温差开始变大。白天虽然炎热依旧，但闷热的感觉开始减轻；太阳落山之后，气温很快就会下降，可以感受到一丝丝凉意。这种清凉感一直会持续到第二天太阳出来之后。

由于夜里气温迅速降低，水汽会因为遇冷，在地表或地面的物体上凝结成水珠。这些水珠就是露水，经第二天清早的阳光照耀，就像粒粒晶莹剔透的小珍珠一样。"白露"的名字就是这么来的。从这个时候开始，天地之间渐渐有了秋的味道。

白露三候

初候，鸿雁来

进入秋天以后，北方逐渐变得寒冷、干燥，喜欢傍水而居的鸿雁开始迁徙，集体飞往温暖湿润的南方。

二候，玄鸟归

春分三候中已介绍过"玄鸟"，它指的是燕子。燕子这个时候要从北方回到南方，因此叫"玄鸟归"。

三候，群鸟养羞

这里的"羞"是通假字，通"馐"，指美味的食物。"养羞"就是把食物存起来。不是所有的鸟都能飞到南方过冬，为了应对食物短缺的冬天，有的鸟儿就会从白露开始，提前储存好足够的食物。

古人说白露

月夜忆舍弟（节选）

唐·杜甫

戍鼓断人行，边秋一雁声。

露从今夜白，月是故乡明。

译文

戍楼上的鼓声阻断了人们的往来，一只孤雁正在边塞的秋日里悲鸣。露水从今夜开始发白，而月亮还是故乡的最亮。

白露古谚语

谷到白露死。

白露节，棉花地里不得歇。

白露秋分夜，一夜凉一夜。

晨起采清露

植物表面晶莹剔透的露珠不仅好看，古人还发现它们有一定的药用价值。

明朝医药学家李时珍在《本草纲目》中记载了两条，一条是："秋露繁时，以盘收取，煎如饴，令人延年不饥。"另一条是："百草头上秋露，未晞时收取，愈百疾，止消渴，令人身轻不饥，悦泽。"说明古人将露水当作一味药材在使用。因此，古人到了白露时节的清晨，纷纷外出采集露水。久而久之，采集清露也就成了白露时节的一种习俗。

立秋 处暑 **白露** 秋分 寒露 霜降

33

看露水，知天气

晶莹透亮的露珠还有一个作用——预报天气。

古人通过观察露水的变化，总结出了一系列的天气谚语：草上露水凝，天气一定晴；今夜露水重，明天太阳红；夜晚露水狂，来日毒太阳，等等。据说，过去沿海一带的渔民在清早也会先观察木船的表面，如果发现船身表面出现露水，说明今天将是晴天，适合出海。这些天气谚语和民间经验都说明一件事：白露时节，清早看到露水就意味着今天有好天气。

这有一定的科学道理。白露时节早晚温差大，如果夜晚晴朗无云，地面散热就会更快，这时空气中的水分就会因为遇冷，在地表的石头上、植被的叶片上凝结成露珠。相反，如果夜晚云层很厚，仿佛给大地盖了一层"大棉被"，地面的温度散发不出去，温度下降得少，遇冷凝结的水汽少，形成的露珠也就少了。

不过，这种预报的时效很短，一般仅限当天，但古人能通过观察找到这其中的关联，已经非常了不起了。

冷露无声湿桂花

　　白露节气前后，有一种花儿开始盛放，花瓣以黄色为主，不同的种类，颜色稍有深浅。别看这种花儿花瓣很小，有的甚至只有米粒一般大，但香味却非常浓厚，闻起来还带有一丝清甜。人们将它的花瓣采摘下来，晒干之后可以泡茶，可以酿酒，还可以用来制作点心。这种花儿就是桂花，它是"中国十大名花"之一。

　　中国栽培桂花的历史非常悠久，长达两千多年。它的独特香味，引来无数文人墨客的喜爱，纷纷将它写入诗作当中，其中，以唐朝诗人王建写的《十五夜望月》里，"中庭地白树栖鸦，冷露无声湿桂花"这句最有名气。这句诗把桂花、白露、中秋融合在一起，描绘了一幅白露之后，中秋佳节之夜，露水悄无声息地打湿庭院中桂花的唯美画面。

即将远航的候鸟们

　　每年过了白露，我们仰望天空，就能见到一群群排队飞翔的鸟儿，这就是鸟类的迁徙。这种随着季节改变而定时迁徙的鸟类就叫"候鸟"。候鸟能够长途飞翔，例如游隼可以从北半球俄罗斯的西伯利亚，一路向南，飞到南半球的澳大利亚，几乎横跨半个地球。

　　下面这些鸟类相信大家都不陌生，它们也是候鸟家族的成员，都是勇敢的旅行家。

游隼

大雁

燕子

天鹅

杜鹃

白鹭

丹顶鹤

中华秋沙鸭

吃龙眼喽

在福建一带，白露时节有吃龙眼的习俗，并且有"白露吃龙眼，一颗顶只鸡"的说法。

龙眼也叫桂圆，正好在白露前后成熟饱满。古人认为饮食应当应季，多吃当季的蔬菜瓜果对身体有好处。刚成熟的龙眼，壳薄肉多，味道清甜，汁水充盈，而此时秋燥鼎盛，人们常常觉得口干舌燥、皮肤干痒，吃龙眼，就成了解秋燥的好方法。久而久之，白露吃龙眼的习俗慢慢就流传了下来。

龙眼也是中医里的一味补药。白露过后，暑热消退，人的食欲也慢慢提振起来。适当吃一些龙眼，或者以龙眼佐菜，就相当于进补养生了。

白露酒、白露茶

史书记载，在湖南省的郴州一带，到了每年的白露节，家家户户都会用新丰收的五谷杂粮来酿酒。因为酿酒的时间在白露前后，这些酒便得名"白露酒"；由于酿酒的原料是人们日常吃的稻米等粮食，因而也叫"白露米酒"。这种酿造方法相传先秦时期已有，在唐宋时期达到鼎盛，并于唐朝时传入日本。《水经注》里记载了这种美酒，将它称为"程酒"。

至于白露茶，指的是白露时节前后采摘的茶叶。炎炎的暑意消退之后，茶树又进入了一个新的快速生长期。由于白露时节，茶叶表面经常能得到露水的滋养，用这样的茶叶冲泡出来的茶汤非常甘醇，古人非常喜欢，因而慢慢形成了喝白露茶的习俗。

我眼里的白露

白露悄悄地来了，你周围的大自然有
什么不一样的地方吗？写一写或画一画，
把你的发现记录下来吧！

秋分

每年公历 9 月 22 日 ~ 24 日交节。

秋分是二十四节气中的第十六个节气。
南方地区此时逐渐感受到秋天的凉爽。

秋分，原来如此

　　明白春分的含义，秋分就不难理解了，它是秋季的中间点。这一天，地球上的南北半球将出现一年中的第二次昼夜平分。

　　秋分过后，直到冬至节气，北半球的白天将一天比一天短，黑夜将一天比一天长，与此同时，地面降温的速度也会越来越快。特别是北方地区，夜里的冷风仿佛时时刻刻都在提醒人们深秋的到来。俗语"白露秋分夜，一夜冷一夜"，说的就是秋分时节夜里的景象。

秋分三候

初候，雷始收声

秋分之后，能惊醒万物的阵阵雷声越来越难听到，周围的环境开始变得肃杀又安静。于是，古人便用"雷始收声"总结秋分初候时的景象。

二候，蛰虫坯户

所谓"坯户"，指的是虫子在地里封塞巢穴的行为。二候前后，凉风阵阵，虫子们提前将巢穴封堵得严严实实，以应对即将到来的寒冷天气。

三候，水始涸

入秋之后，雨水减少，春夏时细雨绵绵的景象几乎不见了，过了丰水期的湖泊河流，水位渐渐下降，路边的小沼泽、浅水洼甚至完全干涸。这就是"三候，水始涸"。

古人说秋分

秋词

唐·刘禹锡

自古逢秋悲寂寥，我言秋日胜春朝。

晴空一鹤排云上，便引诗情到碧霄。

译文

自古以来每逢秋天，人们都觉得悲凉寂寥，我却认为秋天要远胜春天。一只仙鹤在晴空之中凌云而起，便把我的诗兴给引上了万里蓝天。

秋分古谚语

秋分稻见黄，大风要提防。

白露秋分菜，秋分寒露麦。

秋分有雨来年丰，秋分天晴必久旱。

真正的秋天来了

根据我国旧历，秋分因刚好位于秋季九十天的一半而得名，但实际上按照天文学的规定，北半球的秋天从秋分才开始。也就是说，真正的秋天一般在秋分之后才会来临。

入秋的顺序和入春刚好反过来，这是由地面散失热量的快慢、多少来决定的，简单来说，就是北方地区先入秋，南方地区后入秋；海拔高的地区先入秋，海拔低的地区后入秋。

入秋的地方，意味着在当年冬天来临之前，基本上不会再遇见高温酷暑和狂风暴雨的天气，每天都是秋高气爽的日子，晴天碧空万里，阴天凉风习习，算得上是每年最舒服的一段时间。

秋分

秋分祭月与中秋节

　　秋分前后有一个非常重要的中国传统节日——中秋节。农历四季中，每个季节都有孟、仲、季三个时段，中秋刚好位于"仲"这个时段，因而也叫"仲秋"。

　　中秋节这天夜里有个重要的习俗——赏月。事实上，农历每个月的十五日都有圆月可见，选择在中秋之夜赏月，背后其实还有一些科学道理。这个时候，受北方干冷气流的影响，空气中的水分非常少，呈现出秋高气爽、天高云淡的天气。由于云少，空气的能见度很高，人们看到的是如玉盘一样明亮的满月。所以，古人选择在八月十五这天赏月，远在他乡的游子也选择在这天望月表达思乡之情。

赏月最早其实发生在秋分，与古老的秋分祭月习俗有关，《礼记》中提到的"秋暮夕月"说的就是这件事。不过，因为每年农历的秋分日期都不同，而且经常遇不上满月，后来人们就将祭月的日子，从有没有满月全看运气的秋分，调整到八月十五月圆日的中秋。随着时代的变迁，原本严肃的祭月仪式，也变成如今轻松美味的赏月习俗了。

三秋大忙日

　　在农民的眼中，秋分日是三秋大忙日，既要忙着秋收，还要忙着秋耕和秋种。

　　入秋之后，中国大部分地区都会迎来一段相对干燥、凉爽的日子，特别是炎炎酷暑、电闪雷鸣、狂风暴雨之类的天气，基本都不会出现了。不过，气温的迅速下降也让地面的热量难以维系植物的生长。这种情况下，不管作物长得好不好，都得收割了，所以才有农谚说："秋分无生田，不熟也得割。"有时候受极端天气影响，某一批作物这个时候甚至还没有长出来，这个时候也得收割，及时止损，避免影响下一期的播种，农谚把这种情况总结为："秋分不露头，割了喂黄牛。"

　　忙完秋分的收割，有的地方还得再耕地，为接下来种植油菜与冬小麦做准备。

麦子都收完了。

送"秋牛"

　　所谓"秋牛"，指的是"秋牛图"，上面印着二十四节气的名称，同时还会画上农夫耕田的图案。

　　过去到了秋分时节，村里一些能说会道之人就会拿着"秋牛图"挨家挨户上门，每到一家就结合这家的情况，说一些秋耕大吉、不误农时的话。说到主人满意时，主人就会掏钱买下"秋牛图"挂在家中。由于整个过程都靠"说"，因此送秋牛也叫"说秋"，而负责说的这个人就是"秋官"。

　　过去人们认为，秋分这天能遇到秋官上门是吉祥事，只要秋官说得好，人们通常都会收下秋分这天的"秋牛图"，相当于买下吉祥，换来一年的如意。

菜香，秋果甜

秋分也是一个忙碌的季节，大量蔬菜瓜果都在这个时节成熟。一时间，连空气里都弥漫着蔬菜瓜果的香甜。

下面这些都是秋分前后成熟收获的农作物，快来看看你认识多少？

玉米

水稻

棉花

高粱

花生

黄豆

菱角

苹果

石榴

柿子

我眼里的秋分

秋分悄悄地来了，你周围的大自然有什么不一样的地方吗？写一写或画一画，把你的发现记录下来吧！

寒露

每年公历10月7日~9日交节。

寒露是二十四节气中的第十七个节气，这时的气温比白露更低，因此叫"寒露"。

寒露，原来如此

过去民间有句谚语叫"露水先白而后寒"，既说明了白露、寒露两个节气的先后顺序，又透露了寒露时节的气候变化特点——此时的露水已经透着几分寒凉。

过了寒露节气，气温进一步下降，更多的水汽遇冷凝结在地表，露水更是肉眼可见地增多，用手触碰，感觉和冰霜一样凉。此时，北方部分地区甚至能看到一些冬天的景象，南方大部分地区也将正式进入气爽风凉、干燥少雨的秋天。

寒露

每年公历10月7日～9日交节

寒露三候

初候，鸿雁来宾

鸿雁从白露节气开始大举南迁，寒露节气前后差不多是最后一批。古人认为："雁以仲秋先至者为主，季秋后至者为宾"。"初候，鸿雁来宾"的讲法就是从这里来的。

二候，雀入大水为蛤

到了寒露二候，天上飞的雀鸟都消失了，而海边的蛤蜊却多了起来，并且它们的颜色、条纹跟雀鸟还有几分相似。古人便认为这是雀鸟藏进海里变成蛤蜊了。很显然，这是一种巧合引发的误解。

三候，菊有黄华

菊花不畏寒冷。天冷气清的寒露三候，菊花绽放出来的亮黄花朵，成了深秋时节的一道美丽风景。于是，古人便用"菊有黄华"来形容三候。

古人说寒露

咏廿四气诗·寒露九月节（节选）

唐·元稹

寒露惊秋晚，朝看菊渐黄。
千家风扫叶，万里雁随阳。

译文

寒露来临才惊觉已到晚秋，早晨看见菊花次第变黄。千家万户门前，秋风正扫着落叶；万里晴空之上，雁群则逐日南飞。

寒露古谚语

寒露霜降麦归土。
寒露时节柿红皮，摘下去赶集。
寒露时节人人忙，种麦、摘花、打豆场。

重阳佳节到

　　寒露前后有一个非常重要的中国传统节日——重阳节。

　　早在唐朝，重阳节就被正式定为民间节日，并流传至今。重阳节的时间是农历九月初九，"九"在《易经》中是阳数，而九月初九相当于两个阳数重叠在一起，因而有了"重阳"的叫法。同样的道理，因为月与日都带有数字九，"重阳"也有"重九"的叫法。古人把"九"视为最大的数字，并且与"久"谐音，"九九"也就有了"久久"的意思。于是，人们便在这一天向老人表达健康长寿的祝福。

　　重阳这天，除了祭祖、敬老，还有佩戴茱萸、踏秋登高的习俗，意在消灾祈福。历史上许多诗人都留下了吟咏重阳佳节的诗篇，其中大家最熟悉的，莫过于王维的《九月九日忆山东兄弟》：独在异乡为异客，每逢佳节倍思亲。遥知兄弟登高处，遍插茱萸少一人。

寒露别贪凉

古时候，由于没有天气预报，人们只能靠身体感受冷暖，并以此为标准来增减衣物。久而久之，就形成了一系列用穿衣与穿鞋来表达气温变化的民间谚语。

"白露身不露，寒露脚不露"就是这些谚语中的一句，意思是白露时节衣裤要遮挡躯干，寒露时节鞋袜要包裹腿脚，避免寒凉入体，这些部位暴露在外容易着凉得病。

另外，入秋后流感高发，很容易生病。因此，过了寒露就别再贪凉了，适当多穿衣物以免感冒。

寒露

每年公历10月7日~9日交节

寒露脚不露，快穿上！

秋钓边

寒露过后，地表的热量迅速流失，使得水温也快速下降。与此同时，太阳直射的角度也在持续变小，太阳光难以到达较深的水下，深水区域变得更加寒凉。相比之下，岸边水浅的地方因为阳光照射的原因，水温相对暖和，因此这段时间，鱼儿更喜欢在岸边的浅水区活动。此时就算在岸边垂钓，也比较容易钓到鱼。这就是"秋钓边"。

满城尽带黄金甲

"待到秋来九月八，我花开后百花杀。冲天香阵透长安，满城尽带黄金甲。"这首诗是唐朝末年农民起义领袖黄巢的《不第后赋菊》。黄巢流传下来的诗篇很少，但这一篇非常有名，特别是最后一句——满城尽带黄金甲，它描绘了寒露时节，耐寒的菊花在百花凋零之时傲然开放的景象。一时间，金黄色的菊花就像得到命令一般，遍地盛开，仿佛给大地披上了一层金铠甲。

菊花是寒露时节最具代表性的花，越是寒凉，开得越艳，与相继凋零的其他花朵形成了鲜明对比。因此，寒露前后的诸多文化习俗也与菊花有关。古时候，人们除了赏菊，还会用新采的菊花与糯米、酒曲一道，酿制象征长寿的菊花酒，或者用采后阴干的干菊花泡茶，品尝属于寒露的时令美味。

菊花的颜色非常丰富，除了单色的，还有多色的，形态上也有不小的差异，可以说是多姿多彩。

白菊花

紫菊花

红菊花

复色菊

黄菊花

绿菊花

粉菊花

瑶台玉凤

天鹅舞

香山红叶红满天

"一片一片又一片，两片三片四五片。六片七片八九片，香山红叶红满天。"这首诗名为《香山红叶》，作者已无法考证。它记录的就是金秋时节，满山红叶如霞似锦的场景。秋风一动，红叶纷纷飘落，场面非常壮观。"登香山，赏红叶"的习俗，至今都是北京秋游的一大重头戏。

不过，红叶究竟是什么叶呢？其实，红叶只是彩叶的一种代称，实际上还有黄色、橙色的叶子。除了人们熟知的枫叶，香山上的红叶主要是黄栌树叶，它的叶子是规则的倒卵圆形，颜色也从黄色、橙色，到红色、深紫色不等。再加上色泽红艳的鸡爪槭、金黄亮眼的元宝枫等彩叶植物，它们一起扮靓了层林尽染的秋日香山。

枫树

鸡爪槭

黄栌

元宝枫

我眼里的寒露

寒露悄悄地来了，你周围的大自然有什么不一样的地方吗？写一写或画一画，把你的发现记录下来吧！

霜降

每年公历10月23日～24日交节。

霜降是二十四节气的第十八个节气，
也是秋季的最后一个节气，
因天气渐冷开始降霜而得名。

霜降，原来如此

霜降是秋季节气的末尾，也是秋季到冬季的过渡节气。到了霜降时分，秋天的味道更浓，白天夜晚的温差也更大，人的直观感受是天气明显变冷了。

入夜之后，如果气温骤然降到0℃以下，空气中的水汽会在地面或草叶上直接凝结成冰花，远远看去，好像铺了一层薄薄的雪，这就是"霜"。古人曾认为霜和雨、雪一样，都是从天上降落的，于是用"霜降"的名字形容这段时间的物候变化。

每年公历10月23日～24日交节

霜降三候

初候，豺乃祭兽

霜降之后就是冬天。豺狼开始到处捕猎，确保获得足够的食物过冬。由于猎物被整齐排列，像人祭神时摆放的供品，古人便称这种现象为"豺乃祭兽"，类似雨水初候的"獭祭鱼"。

二候，草木黄落

草木泛指生长在大地上的落叶植物。这些植物到了霜降二候时，将会出现叶片变黄、纷纷凋落的景象。

三候，蛰虫咸俯

到了三候前后，气温继续下降，寒冷的天气让虫子蛰伏在地下的洞穴中，不活动，不进食，开启了冬眠的生活。古人将这种景象称为"蛰虫咸俯"。

73

古人说霜降

商山早行（节选）

唐·温庭筠

晨起动征铎，客行悲故乡。
鸡声茅店月，人迹板桥霜。
槲叶落山路，枳花明驿墙。
因思杜陵梦，凫雁满回塘。

译文

　　清晨起床，车马的铃铎已响；一路前行，游子悲思故乡。鸡鸣声嘹亮，茅草店沐浴着月光；行人的足迹，留痕于木板桥上覆盖的寒霜。凋零的槲叶，飘落于荒凉的野路；盛放的枳花，点亮了驿站的泥墙。想起昨夜见到杜陵的美梦；野鸭和大雁，挤满了弯曲迂回的池塘。

霜降古谚语

夏雨少，秋霜早。
寒露霜降节，紧风就是雪。
霜降没下霜，大雪满山岗。

74

落霜时节送寒衣

霜降之后不久，有个古时候非常重要的传统节日——寒衣节。

相传，寒衣节始于周朝，最初叫"授衣节"，来自《诗经·七月》里的"七月流火，九月授衣"。"授衣"最初说的是农历九月，天气转凉，人们要开始为过冬添置御寒的衣物。后来，人们发现九月授衣有点为时过早，于是到了宋朝，这个日期推迟到了农历十月。此时，天气变得寒凉，人们不仅为自己准备冬衣，还会将衣物寄给在远方戍边或服役的亲人。

再到后来，这个习俗扩展到为逝去的亲人送寒衣。每到农历十月初一，人们在祭祀时除了供奉香烛、食物、纸钱，还会将冥衣焚烧给逝者，为长眠地下的亲人送去温暖，表达对逝去之人的怀念与悲悯。

霜降一过百草枯

寒露过后是霜降，其实霜与露之间的关系，同雨和雪之间的关系差不多，气温的高低直接决定附着在草叶上的是露还是霜。水在低于0℃的时候会结冰，因此气温高于0℃时，草叶上会出现露；低于0℃时，草叶上出现的就是霜。

被霜打过的植物，很快就会失去生机，这是因为零下的低温环境会让植物大量失水，失水达到一定量后，植物就蔫了，开始大量落叶、枯萎。古人观察到风霜给植物带来的这种巨大变化，便用"霜降杀百草""霜降一过百草枯"之类的谚语来总结。

美丽的拒霜花

大自然非常奇妙，前面刚刚介绍过"霜降一过百草枯"，强调霜降会给地面植物带来巨大的影响，这一节就要给大家介绍一种新的植物，即便是在霜冻的恶劣环境下，它也能凌寒盛开，在百花凋零的深秋展现自己的独特魅力。古人根据它的这种特性起了一个形象又好听的名字——"拒霜花"。

拒霜花的花瓣，有的纯白，有的显现出淡淡的粉色或红色，开花时会像荷花那样将花瓣向外舒展开来，如芙蓉一般。因为它不是生长在水里，而是一种陆地上的木本植物，因而叫"木芙蓉"。又因为它的花色一天三变，往往早上还是白色，中午就变成粉红色，晚上又变成深红色,古人也称它为"三变花"。

木芙蓉原产于湖南省，大部分南方省份都常见。感兴趣的小朋友可以观察一下这种深秋时节的神奇花儿。

补冬不如补霜降

还记得在立秋里说的"贴秋膘"吗？"补冬不如补霜降"的讲法来自民间，它其实是贴秋膘的延续。

霜降时节，天气越发寒冷，特别是夜里与清晨，寒凉逼人。天气越冷，人体消耗的能量也就越多，自然需要补充更多的营养，因此从入秋开始，关于进补的习俗就一直没有停歇。再加上未雨绸缪的传统思维，秋天及时进补，其实是在为度过严冬做准备，因而有了"补冬不如补霜降"的说法。

秋天是丰收的季节，一整年辛勤劳作的成果都将在秋季收获，这也为进补提供了更多的选择。比如，应季收获的白菜、土豆、萝卜，它们都是很好的食材。其中，又以白萝卜的进补效果最好，民间也因此编出了许多与吃萝卜有关的民谚，如"冬吃萝卜夏吃姜，不要医生开药方""萝卜小人参，常吃有精神""萝卜进城，药铺关门"，等等。

吃萝卜喽！

下面这些都是霜降时节的进补佳肴，快来看看有没有你特别喜欢吃的呢？

萝卜炖羊肉

土豆炖牛肉

玉米排骨汤

山药排骨汤

冰糖炖雪梨

桂圆银耳莲子羹

摘柿子啦

　　柿子应该算是深秋时节最美味的水果了。在中国，但凡出产柿子的地方，都流行霜降摘柿子，人们认为被霜打过的柿子更香甜、更美味。

　　过去，关于吃柿子还有很多说道。普通人家经常会在这个时候买一点柿子和苹果，一方面是因为这两种水果秋天容易购买，并且耐储存；另一方面也是希望吃了柿子和苹果，来年能够事事平安。过去做生意的商贾（gǔ），这时候也会买一些板栗和柿子，讨的也是"利市"的彩头，希望接下来的日子里做生意能顺顺利利。它们都蕴含着人们对美好生活的向往。

吃甜柿子喽！

美味的冻柿子

古时候，由于农业栽培和储存保鲜技术的限制，北方地区的人们冬天只能吃到少数几种水果，柿子是其中之一。特别是东北地区，冬天最低气温可以达到零下二三十度，比冰箱冷冻室的温度还要低。这种情况下，室外就成了天然冰箱，柿子、梨等水果可以在天然的环境下，变成冻柿子、冻梨，能存放很长的时间。要吃的时候，拿到室内温暖的环境下化冻即可。冻过的柿子因为冰冻失去了一些水分，吃起来比正常情况下的柿子更甜一些，因此广受人们的喜爱。

现在在南方做冻柿子也很简单，洗干净外皮后，放到冰箱冻室里待一晚上就可以了。想尝尝冻柿子的滋味吗？动动手试一试吧！

立秋　处暑　白露　秋分　寒露　**霜降**

再等一个月吧。

娘，我想吃冻柿子了。

81

我眼里的霜降

　　霜降悄悄地来了，你周围的大自然
有什么不一样的地方吗？写一写或画一
画，把你的发现记录下来吧！

写给小学生的

二十四节气 冬藏

申楠 编著

孔學堂書局

二十四节气·春生

二十四节气 · 夏长

二十四节气·秋收

二十四节气 · 冬藏

立冬

小雪

大雪

冬至

小寒

大寒

MU LU

目录

立冬

大寒

立冬

每年公历11月7日~8日交节。

立冬，是二十四节气的第十九个节气，蕴含"万物收藏、规避寒冷"之意，预示冬天即将来临。

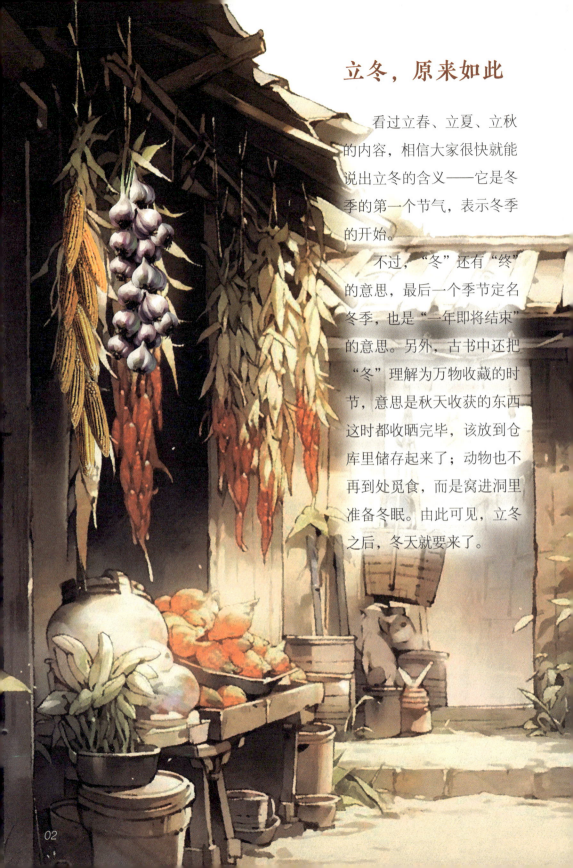

立冬，原来如此

看过立春、立夏、立秋的内容，相信大家很快就能说出立冬的含义——它是冬季的第一个节气，表示冬季的开始。

不过，"冬"还有"终"的意思，最后一个季节定名冬季，也是"一年即将结束"的意思。另外，古书中还把"冬"理解为万物收藏的时节，意思是秋天收获的东西这时都收晒完毕，该放到仓库里储存起来了；动物也不再到处觅食，而是窝进洞里准备冬眠。由此可见，立冬之后，冬天就要来了。

立冬三候

初候，水始冰

进入立冬时节，冬天就正式来临了。此时温度可以降到冰点以下，地表的水面开始结冰。由于这时的水面刚刚冻住，冰层不厚，往往只有薄薄的一层，因而叫"水始冰"。

二候，地始冻

到了立冬二候，泥土中的水分也开始冻结。这个阶段，寒气开始深入土壤，但大地远远没有冷到被冻裂的地步，因而叫"地始冻"。

三候，雉入大水为蜃

"蜃"指的是"大蛤蜊"。古人发现，此时陆地上的野鸡销声匿迹，海边却多了一些跟野鸡身上纹路很像的"蜃"，便以为是野鸡进入海里变成的。这跟寒露二候时的"雀入大水为蛤"一样，是古人对自然现象的误解。

古人说立冬

立冬

唐·李白

冻笔新诗懒写，寒炉美酒时温。
醉看墨花月白，恍疑雪满前村。

译文

墨笔冻结正好偷懒不写新诗，寒天的火炉上暖着美酒确保它时时温热。带着微微醉意观看砚上墨花反射的月光，恍惚觉得那疑似大雪落满了面前的山村。

立冬古谚语

立冬节到，快把麦浇。
种麦到立冬，费力白搭工。
立冬东北风，冬季好天空。

每年公历11月7日~8日交节

冬泳

　　冬泳，顾名思义，就是冬天下水游泳。早在西周时期，古人就有关于冬泳的记载。立冬时，天气已经比较寒凉，河流、湖泊里的水温也比较低，人在这个时候用凉水洗手都会觉得有些冷，更不用说用凉水洗澡和下水游泳了。正因为如此，冬泳也被视为勇敢者的挑战，参加冬泳的人也用这种方式来展现自己的健康体魄。

　　立冬这天，有的地方有"冬泳迎冬"的习俗。选在立冬这天跳入冰凉的水中游泳，用一种独特的方式迎接冬天的到来。

　　冬泳虽然有很多好处，如果没有经过专门的训练，还是不要贸然尝试，以免发生危险。

那人在游泳吗？

他不冷吗？

立冬日，贺冬时

古时候的立冬属于"四时八节"之一。所谓"四时八节"，就是四季里的"八个节"，对应二十四节气中的"四立"，外加"二分"与"二至"，即立春、春分、立夏、夏至、立秋、秋分、立冬、冬至。

古人非常重视立冬，会在这天准备好时令佳品，祭祀祖先。一年的农事已经基本完成，无论土地还是人，都经过了一整年的付出，需要好好休养。此时供奉，也是怀着感恩之心，感谢大自然这一年的馈赠以及祖先这一整年的庇佑，同时希望来年依然能够丰收。

过去农业生产非常不发达，人力的干预非常有限，基本都要靠天吃饭，因此人们对自然充满了敬畏之心，逢年过节都会举行祭祀。祭祀结束后，人们还会举行盛大的宴饮活动犒劳自己，告慰一年来的辛劳。这便是"贺冬"。

越冬作物

古时候，立冬一到，基本上宣告一年农事的结束。土地休眠一个冬天，为来年的种植做准备。

如今，种植技术有了很大的发展，借助蔬菜大棚营造的温暖环境，人们可以利用闲置的土地种一些作物，到第二年开春时收获。像大蒜、冬小麦、葱等，都是非常适合越冬的作物，可以提高土地的利用效率。

不过，种植越冬作物并不是现代才有的事情。根据史料，我国使用温室栽培技术种植越冬作物已有2000多年的历史，早在《汉书》里就有相关记载。古人通过建造专门的屋子，并在屋内昼夜燃火提高室温，让蔬菜在隆冬时节也能顺利生长。只是这种作物的种植成本太高、产量很少，而且售卖价格昂贵，一般人消费不起。

动物冬眠了

　　冬天来临后，天气开始变得严寒而恶劣，食物也变得匮乏，一些动物为了在这样的环境中生存下去，就会选择在漫长的冬天来临之前，先饱饱地吃一顿，把自己吃得胖胖的，然后找个安全舒适的地方，安安心心睡一个冬天。这就是冬眠。进入冬眠期的动物，体温、心跳、呼吸、新陈代谢等都会显著下降，将身体的能量消耗降至最低，确保体内的能量能让自己撑到第二年春暖花开。

　　下面这些都是常见的冬眠动物，快来看看你认识哪一些？

棕熊

刺猬

松鼠

蛇

鳄鱼

蝙蝠

乌龟

蜗牛

青蛙

蚯蚓

立冬吃饺子

立冬吃饺子是北方地区的传统习俗，距今已有上百年的历史。

据传，饺子的叫法就来自"交子之时"。年三十是旧年与新年的"交子之时"，而立冬又是秋季与冬季的"交子之时"。"交子之时吃饺子"，听起来就朗朗上口。久而久之，过年和立冬吃饺子就成为习俗流传下来。

立冬吃饺子还有一个说法。冬天来了，北风呼啸，人的耳朵露在外面容易冻伤。饺子的形状有点像耳朵，古人便按照"以形补形"的观念，认为寒冷时节吃点热气腾腾的饺子，可以补补耳朵，不至于被北风冻坏。当然，这是一种玩笑的说法，它体现了家人质朴的关爱。

动动手，包饺子

俗话说"好吃不如饺子"，其实饺子不止好吃，包饺子的过程也充满乐趣，特别是逢年过节时，全家一起上阵包饺子，整个过程别提有多热闹了。

包饺子的过程简单来说就是三个步骤：备馅、擀皮、包合。

每家都有自己喜爱的饺子馅。最基础的饺子馅一般就是肉馅，然后混合一些蔬菜，如白菜、韭菜、茴香、葱等，然后加上佐料搅拌均匀即可。

做饺子皮时，一般先将醒发的面团搓成长条，然后用刀分成一个个小剂子，再用手压扁。擀皮时，要注意四周薄，中间厚。现在有很多现成的饺子皮卖，直接买回来包也行。

最考验水平的是包合的过程。包饺子时，先拿一张皮，取一些馅料放在中心，在皮的四周沾一些水，先对折粘上中间，出现四个角后，再把旁边的角先后往中间折并捏拢。这样的饺子也叫月牙形饺子，是最基础的包饺子方法。

我眼里的立冬

　　立冬悄悄地来了，你周围的大自然有什么不一样的地方吗？写一写或画一画，把你的发现记录下来吧！

小雪

每年公历 11 月 22 日～ 23 日交节。

小雪节气是二十四节气的第二十个节气。

气温进一步下降，偶尔出现下雪的天气。

小雪，原来如此

　　古书中记载着这样一句话："雨下而为寒气所薄，故凝而为雪。"寒气让雨滴凝结成了雪花，这说明古人在很早的时候就弄清了雪的成因。

　　我国地域辽阔，此时黄河以北的地区因为温度偏低，从天而降的雨滴一般会变成雪花。由于后面还有更寒冷的时节，而且这个时候的雪一般不会下得特别大，古人便用"小雪"来形容这段时间的气候特征。

　　要注意的是，小雪节气是气候概念，并不代表到了这个节气就一定会下小雪。

小雪三候

初候，虹藏不见

古人认为，虹是阴气与阳气交锋而产生的，小雪时节阴气强盛，于是虹就藏起来了。其实，彩虹是阳光经过雨后空气中的小水滴折射而形成的。小雪时节气温低，下雨变成了下雪，空气中没有折射阳光的小水滴，彩虹自然不会出现了。

二候，天腾地降

古人认为，世界的运转和阴阳之气有关，"天腾地降"便是阴阳观念在天象上的应用，指"天上的阳气上升，地上的阴气下沉"。由于阴阳之气不相交，天地之间失去了生机，一片沉寂。

三候，闭塞而成冬

到了小雪三候，阳气继续上升，阴气继续下沉，寒气日渐逼人，天地之间仿佛闭塞了一样，人们开始窝在家中躲避风雪严寒。这种天地之间一片萧条的景象就是"闭塞而成冬"。

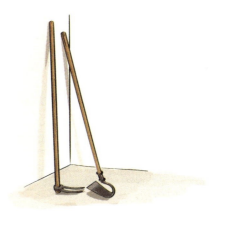

古人说小雪

问刘十九

唐·白居易

绿蚁新醅酒，红泥小火炉。
晚来天欲雪，能饮一杯无？

译文

微微发绿的新酿米酒已经备好，小小的火炉也已烧得通红。天色已晚雪意渐浓，来到寒舍一起喝杯暖酒怎么样？

小雪古谚语

时到小雪，打井修渠莫歇。
小雪见晴天，有雨在年边。
小雪雪满天，来年定丰年。

瑞雪兆丰年

　　"瑞雪兆丰年"这句农谚，相信大家耳熟能详。特别是北方地区，冬天下一场雪，来年往往是个丰收年。这不仅仅是劳动人民多年来的经验之谈，背后也有不少科学依据。

　　前面提到，深秋时节，不少虫子开始冬眠。在地表越冬的害虫，就很容易因为一场突如其来的雪而被冻死，这样有助于减轻来年的虫害程度。

　　其实，雪的温度虽然很低，但它的导热性很差，如果越冬的庄稼上覆盖了一层积雪，有利于减少土壤热量的消散，相当于给大地盖了一层保暖被，让越冬的庄稼能平安度过冬天。

　　最后，雪中富含氮元素，积雪融化后，不但能给土壤或者越冬的庄稼补水，还能施氮肥。

　　基于上面这些因素，所以才会有"冬天麦盖三层被，来年枕着馒头睡"的说法。这也是瑞雪兆丰年的另一种解释。

　　不过，如果雪下在仲春季节，那就不是好雪了，很容易冻坏庄稼，所以农谚也说："腊雪是宝，春雪不好。"

雪花长啥样

小雪节气到，意味着雪花渐渐取代雨滴，越发频繁地进入人们的视线当中。

自古以来，美丽的雪景就广受人们赞叹，文人墨客纷纷用自己的笔触将下雪的景象记录下来。比如唐朝诗人元稹在《南秦雪》中就写道"才见岭头云似盖，已惊岩下雪如尘"，由此可见，这雪下得很细密，如飞尘一般；又如宋朝诗人杨万里在《观雪》中写道"落尽琼花天不惜，封它梅蕊玉无香"，这雪下得如同飘落的琼花花瓣一样。唐朝诗人李白对雪花的描述最为夸张，他在《北风行》中写道"燕山雪花大如席，片片吹落轩辕台"，这雪花个头很大，如同坐席一般从空中落下。由此可见，雪花的形状多种多样。

现代科学研究发现，雪花基本上以六角形为主，早在西汉年间，诗人韩英就得出了"草木之花多五出，独雪花六出"的结论，说明当时的中国人已经开始对雪花的形状进行深入研究。世界科学史著作中也明确记载，关于雪花六角结构的文献资料最早来自中国。

　　雪花的形成与温度、水汽条件密切相关，一丁点的差异都会导致雪花形状的千差万别，可以说世界上没有两片一模一样的雪花。

　　显微镜等现代工具发明之后，人们进一步发现了雪花世界的精美绝伦，每片雪花的造型都会令艺术家叹为观止。

下面这些都是常见的雪花形状。

你想象中的美丽雪花是什么样的？

十月小阳春

　　一说到立冬、小雪，大家看到这些
字眼，第一感觉都是凉飕飕的。不过，
在南方一些地区，立冬到小雪节气期间，
经常会有一小段日子温暖如春。桃树、
李树等植物在这段日子里，有时会误以为
温暖的春天真的来临，然后二度开花。天
气风和日丽，树上花儿盛开，要是不看日历，
真会让人有种"阳春三月"的错觉。

　　由于立冬到小雪节气一般都在农历十月左
右，所以古人也把这段时间温暖如春的奇异天气称为
"十月小阳春"。民谚"八月暖九月温，十月还有小阳春"说的
就是这种情况。

　　南方地区入秋、入冬的时间本来就比北方地区要晚，如果冷空气
的影响力偏弱，南方地区出现"十月小阳春"的可能性就会更大一些。

小雪吃糍粑

小雪时节吃糍粑，这个习俗主要出现在南方地区。

糍粑是用糯米制成的食物。人们将蒸熟的糯米放入石槽之中反复捶打，使它变成黏乎乎的"米泥"，然后分成小份，再用手捏成或圆或方的形状。最初，糍粑是古人用来祭祀的贡品，寒衣节的祭祀结束后，刚好也是农活结束之时，小雪时节吃糍粑，还有"小雪封地，犒劳耕牛"的含义。久而久之，吃糍粑的习俗慢慢就流传了下来，而且糍粑也从最初的祭祀供品，变成了一种日常的美食。

当然，也有的地方不吃糍粑，而是用年糕代替，但习俗的由来都是一样的。

小雪至，藏菜时

小雪到，为啥要把菜藏起来呢？原来，这里的"藏"，不是藏起来不让吃，而是收藏。

秋天结束时，人们收获了大量的蔬菜，如土豆、白菜、萝卜等，这些菜在寒冷的天气容易被冻坏，而漫长的冬天又没有什么蔬菜可以吃。如果能让秋天收获的这些蔬菜存放更长的时间，冬天不就有蔬菜吃了吗？为此，古人发明了地窖。

地窖其实是从地面往下挖出来的深洞，里面的温度比外面要高一些，蔬菜不容易被冻坏。而且地窖往往挖得比较深，这样可以一次性存放更多的蔬菜，想吃的时候到地窖中取就行。

我也想吃大白菜了。

美味的腌菜

为了让漫长而寒冷的冬天有菜可吃，北方人还会将新鲜的蔬菜做成腌菜。

腌菜，顾名思义，就是把蔬菜放到调料中腌制。腌菜的做法非常简单，一般先将萝卜、白菜、雪里蕻（hóng）等蔬菜洗净并控干水，然后根据蔬菜的特点，切成长条、小块，或者直接切碎。加工好的菜被层层码放在一个大缸中，每一层都会撒上盐，有些地方还会加一些辣椒之类的佐料，最后将大缸密封。不同种类的蔬菜，腌制时间也不一样，通常半个月到一个月就可以食用了。

由于成本低廉、工艺简单、容易保存，加上腌制过的蔬菜风味独特，因而多年来，它都广受人们的喜爱。今天的腌菜也许只是人们增进食欲的开胃菜，但在技术落后、食物匮乏的年代，它是人们日常生活的刚需。

腌萝卜　　　　　　腌大白菜

腌雪里蕻　　　　　腌菜头

我眼里的小雪

　　小雪悄悄地来了，你周围的大自然有什么不一样的地方吗？写一写或画一画，把你的发现记录下来吧！

大雪

每年公历 12 月 6 日 ~ 8 日交节。

大雪是二十四节气的第二十一个节气。

此时的温度比小雪时更低，

而且更容易下雪，雪量也会更大。

大雪，原来如此

有了前面的小暑、大暑做铺垫，小雪、大雪之间的关系就好理解了。进入大雪时节，此时北方地区早已冰封，就连南方不少地区的最低气温都能降到0℃左右，人们见到大雪纷飞的场景会更加容易。

由于相比小雪时节，大雪时节的气温更低，下雪的可能性，特别是下大雪、暴雪的可能性更高，古人便用"大雪"的节气名，将这段时间的气候状况跟小雪做区分。

和小雪节气同样的道理，进入大雪节气不见得一定会下大雪。

大雪

每年公历12月6日～8日交节

大雪三候

初候，鹖（hé）鴠（dàn）不鸣

鹖鴠究竟是什么动物，目前没有统一说法，但不少学者认为它是复齿鼯鼠，比较耐寒。总之，到了大雪时节，连耐寒的动物也不再发声了，说明这时天气更冷了。

二候，虎始交

天寒地冻的大雪时节，大地万物并不是完全没有生机。这时，老虎会表现出求偶行为，选择与异性生活在一起，繁殖后代。

三候，荔挺出

关于"荔"，目前的研究推测它是一种非常耐寒的兰草，具体种类还没有定论。按照古书的记载，大雪三候万物凋敝时，"荔"这种植物竟然开始发芽生长，由此可见它的耐寒能力非同一般。

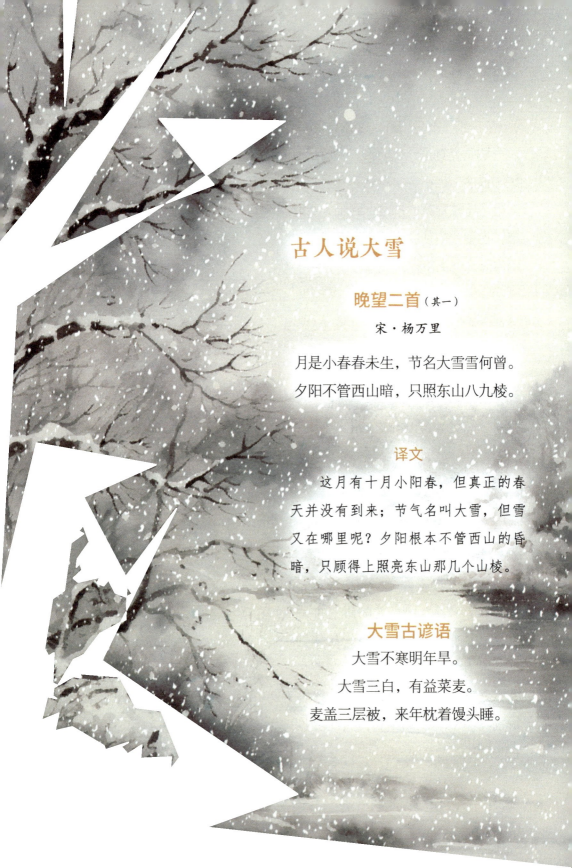

古人说大雪

晚望二首（其一）

宋·杨万里

月是小春春未生，节名大雪雪何曾。
夕阳不管西山暗，只照东山八九棱。

译文

这月有十月小阳春，但真正的春天并没有到来；节气名叫大雪，但雪又在哪里呢？夕阳根本不管西山的昏暗，只顾得上照亮东山那几个山棱。

大雪古谚语

大雪不寒明年旱。
大雪三白，有益菜麦。
麦盖三层被，来年枕着馒头睡。

大雪封山

气象数据统计显示，每年的 11 月、12 月是强冷空气影响我国最频繁的两个月，大部分地区都会受冷空气的影响，人们也将频繁感受到冬天的寒意。如果这个时候水汽条件充足，降雪就会非常频繁。

隆冬时节的大雪过后，整个世界白茫茫一片，安静而清冷，古人也创造了许多唯美的词语，来形容白雪皑皑的世界，如银装素裹、粉装玉砌、玉树琼枝等等。

但是，凡事过犹不及。正如暴雨会带来灾难一样，强大而持久的暴风雪背后，其实也潜藏着许多危险，特别是山区。山区的气温往往更低，雪量往往也更大，加上山区的地形复杂、地势崎岖，路面容易结冰，一旦发生滑倒，很容易发生危险。积雪特别厚的山区，冬天还容易发生雪崩。雪崩发生时，厚厚的积雪会从山上倾泻下来，掩埋并摧毁途经的一切。所以，一到大雪纷飞的日子，海拔较高、地势崎岖的山区就会封山，不让人们进入，以减少意外的发生。

美丽的雾凇

"雾凇"是中国四大自然奇观之一，这种奇观一般出现在大雪节气之后，来年的春节之前。雾凇发生时，常绿的松树、柏树，干枯的柳树枝条上就会"盛开"一朵朵或一条条的银白色"花朵"，远远望去，如同树上开满了洁白的雪花一般，就像唐朝诗人岑参写的"忽如一夜春风来，千树万树梨花开"，特别神奇。

不过，美丽的雾凇既不是雪，也不是冰，它其实是一种霜。当空气中温度低于零度的过冷水雾，遇到表面温度低于零度的物体时，就会形成细小的白色不透明的冰晶颗粒，这些颗粒不断沉积就形成了雾凇。

雾凇的形成条件非常严苛，既要温度低，又要水汽足，因此自然状态下能见到大片雾凇景观的地区并不多。吉林省吉林市的雾凇岛就是这样一片神奇的区域，这座松花江上自然形成的江心小岛也因为冬季雾凇厚重持久、树形奇美，成为中国著名的雾凇景区，享誉海内外。

南方的冻雨

　　冻雨是一种冰和水的混合物。冻雨的雨滴，看起来和普通的雨滴没啥区别，可只要它与表面温度低于零度的物体接触，很快就会冻结成冰。这种雨滴如果持续叠加，马上就会在物体表面形成一层外表光滑、内里透明的冰层。下过冻雨之后，树枝和没有掉落的叶子上就会被一层冰壳覆盖，晶莹剔透。由于无冰无雪也能冻结万物，因而叫"冻雨"。它导致的结冰现象和雾凇类似，由于是雨导致的，也叫"雨凇"。

　　冻雨和雾凇出现的时间比较接近，不过冻雨一般发生在南方地区，山区又比平原地区多，其中以贵州最多。雨凇和雾凇虽然只差一个字，但冻雨形成的雨凇比雾凇的危害要大很多。严重的雨凇会形成厚厚的冰层，容易压塌树木和房屋，让越冬作物绝收，还会压塌电线、电缆，造成巨大的安全隐患。

　　在这里提醒南方的小朋友们，遇到冻雨天气，要尽可能避免出门；必须出门时，一定要做好防滑措施。

好玩的冰雪运动

北方有句民谚，叫"小雪封地，大雪封河"，说的是隆冬时节，天气寒冷，小雪时节封地休养，等待来年再开垦；到了大雪节气，河流逐渐结冰封冻，一场大雪落下，有时一两个月都不会融化，整个大地呈现出"千里冰封，万里雪飘"的场面。在漫长的历史中，人们不但学会了如何抵御严寒，还发明了很多冰雪运动。

滑雪是我国古代出现较早的冬季运动。古时候，北方渔猎民族滑雪用的工具叫"木马"，它又分为雪面和冰面两种。其中，在雪地上滑行的木马叫"踏板"，如今的滑雪板就是由它发展而来的；在冰上滑行的木马又叫"乌拉划子"，现在的滑冰鞋就由它演变而来。

滑冰是从滑雪演变而来的运动。早在宋朝，我国就有了关于滑冰的记载，当时称为"冰嬉"。明朝时，冰嬉已经成为宫廷的体育活动

之一。到了冬季，宫里还会举行规模盛大的冰上运动会。

　　1625年正月初二，努尔哈赤举行了一场规模盛大的冰上运动会，比赛项目有跑冰鞋、冰上射箭、冰上武术、冰上舞蹈等，非常热闹。

　　不过，滑雪也好，滑冰也罢，本身都有比较高的技术要求，不会滑的人们如何感受冰雪乐趣呢？这就要提到"拖冰床"的娱乐项目了。一块木板，上面加一张小床或者一张草垫，就成了最简易的"冰床"。游玩时，一个人在前面用绳子用力拉，后面可以坐两三个人。这样一来，冰床就能在冰面上平稳滑行了。至于宫内的冰床就更加豪华了，不仅像轿子一般有门有窗，还有貂皮软座。北方人现在冬天玩的冰车，就是由冰床简化而来的。

美味的腊肉

过去，到了大雪时节，家家户户都有做腊肉的习俗。由于古时候的保鲜技术没有现在这么发达，人们就用这种方式延长肉制品的保存期。

人们将鸡肉、鸭肉、鱼肉、猪肉、牛肉等肉制品，洗干净之后用调料腌制，然后用绳子穿好，挂在屋子的通风处。有些地方还会用肉泥和肠衣制作腊肠。此时天气寒冷、干燥，肉类不容易腐坏，肉中水分蒸发的同时，调料的味道也会逐步渗透到肉的深层。等到过年的时候，风干的腊肉就可以上桌，搭配各地不同的烹饪手法，变成一道道佳肴。

由于经历了风干的步骤，不管是腊鸡、腊鸭，还是腊鱼、腊肉，都有一种独特的风味。这些腊制菜肴，是中国传统民间美食的瑰宝。

历史悠久的火锅

　　火锅也叫"古董羹"，最初是因为把食物投放进热汤里会发出"咕咚"的声音而得名。将炉子和锅融为一体的火锅，算得上是中国独创的一种食用方法，至今已经有两千多年的历史。到了宋朝，民间冬天吃火锅御寒就非常常见了。

　　下面这些就是不同时期的火锅。

商周青铜鼎

西汉铜燃炉

海昏侯青铜温鼎

魏晋五熟釜

南宋拨霞供

清朝万菊锅

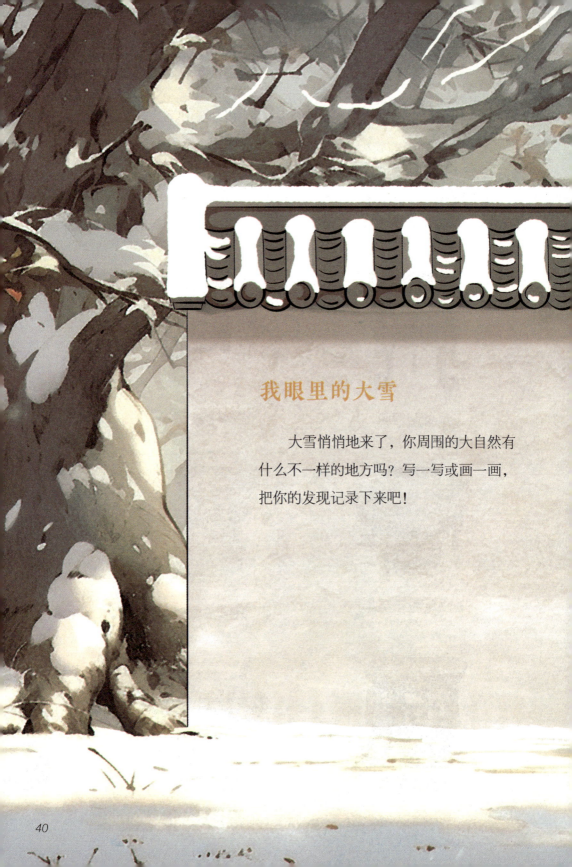

我眼里的大雪

　　大雪悄悄地来了，你周围的大自然有什么不一样的地方吗？写一写或画一画，把你的发现记录下来吧！

冬至

每年公历 12 月 21 日 ~ 23 日交节。

冬至是二十四节气中的第二十二个节气，
我国将经历一年中白天最短的一天。

冬至，原来如此

　　虽然按照时间顺序，冬至排在二十四节气的倒数第三，但根据目前的考古发现，它是二十四节气中最早被制定出来的。早在 2500 多年前的春秋时期，聪明的中国古人就用"土圭"这种测量日影长短的工具，测定了冬至的时间。

　　冬至和夏至相对，它是我国一年之中昼最长、夜最短的一天。按照天文学上的定义，北半球的冬季要从这一天开始。另外，冬至曾是一个重要的传统节日，过去民间有"冬至大如年"的说法。

冬至

冬至

每年公历12月21日～23日交节

冬至三候

初候，蚯蚓结

进入冬至之后，随着寒气深入土壤，连生活在地下的蚯蚓都感受到了阵阵寒意，把身子蜷成一团减少散热，看上去就像是打了个结一样。

二候，麋角解

麋角解，意思是麋鹿的角此时开始自行脱落，然后再慢慢长出新角，跟夏至的"初候，鹿角解"差不多。麋与鹿都是鹿科哺乳动物，但它们的角不在同一季节脱落。古人由此认定麋属阴，鹿属阳。

三候，水泉动

到了冬至三候，地底的井水开始上涌，泉水开始流动，古人认为这是阳气生发导致的现象，预示着春天脚步的临近。

古人说冬至

邯郸冬至夜思家

唐·白居易

邯郸驿里逢冬至，抱膝灯前影伴身。

想得家中夜深坐，还应说着远行人。

译文

住在邯郸客栈时正逢冬至，我抱膝坐在灯前，只有影子陪伴在身旁。家里的亲人今晚应该会围坐在一起直到深夜，聊一聊我这个远行的人吧。

冬至古谚语

阴过冬至晴过年。

冬至有霜，腊雪有望。

冬至没打霜，夏至干长江。

冬至大如年

冬至是一年"四时八节"中的最后一个。从冬至这天开始,太阳高度慢慢回升,白昼时间逐渐变长。古人很早就注意到了这种变化,认为冬至预示太阳新生,进入一个新的循环,因而把冬至视为"大吉之日"。

冬至在过去是一个重要节日,古人往往会在这天祭祖访亲、邀客宴饮,北方人还会在这天吃饺子,屋里屋外、街头巷尾都非常热闹,整个氛围如同过年一般。久而久之,"冬至大如年"就成了民间约定俗成的说法。

"四时八节"里的"八节"有哪些啊?

立春、春分、立夏、夏至、立秋、秋分、立冬、冬至!

立冬 小雪 大雪 **冬至** 小寒 大寒

数九歌

　　"数九"也叫"冬九九"，从冬至开始，每九天划一段。第一个九天就叫"一九"，第二个九天就叫"二九"，以此类推。过去的人们用这种方式计算漫长的寒冬到了哪个阶段。"九九"之中数"三九"和"四九"最冷，差不多对应接下来要介绍的小寒与大寒节气。数完九个"九天"之后，春暖花开的日子就来了。

　　数九的方法在民间口口相传了多年，但缺乏记载。下面这个《数九歌》是流传较广的一个版本，顺着读下去，我们可以清晰地体会到"冬去春来"的全过程。

每年公历12月21日～23日交节

一九二九不出手，三九四九冰上走。

五九六九沿河看柳。

七九河开，

八九雁来，

立冬

小雪

大雪

冬至

小寒

大寒

九九加一九，黄牛遍地走。

每年公历12月21日～23日交节

"画九"与"写九"

如果只是"数九",这个漫长的过程未免太无聊了。为了让整个过程变得有趣一些,古人也是绞尽脑汁。"画九"与"写九"就是这样出现的。

"画九"的习俗记载于明朝《帝京景物略》一书。冬至这天,画一枝素梅,上面开着九朵梅花,每朵花有九个瓣,一共八十一瓣。每天给一瓣梅花上色,当九朵梅花都上好色之后,春天就到了。"画九"的习俗深受女性和孩子喜欢。

我给梅花涂啥颜色呢?

"写九"的习俗据传与清朝道光皇帝有关。有一年冬至，道光帝在一个条幅上写了"亭前垂柳珍重待春风"九个字。由于这九个字的繁体字，每个都是九画，加起来刚好八十一笔。道光帝下令把这九个字做成空心字贴在墙上，让大学士每天用毛笔蘸墨填满一画。当九个字都填满后，春暖花开的日子就来临了。

　　这一习俗从宫中流传出来之后，民间也纷纷效仿，于是就有了"写九"的习俗。

今年的"写九"让我来！

冬至吃什么

　　俗话说"民以食为天"，"吃"是人们最基础的生存需求之一。每个节气的习俗中，总有能与"吃"挂上钩的，冬至也不例外。不过，关于冬至吃什么，说法比较多。有说"吃了冬至面，一天长一线"的，也有说"冬至不端饺子碗，冻掉耳朵没人管"的，还有的地方吃汤圆、吃加了生姜的米饭，喝羊汤，或者喝酒酿煮出来的羹汤。冬至究竟应该吃什么呢？

　　因为习俗和物产的差异，饮食习俗不同也很正常。其实，冬至吃饺子还是吃面，或其他食物，这都不重要，重要的是"进补"这件事。严寒时节，人体因为御寒需要消耗大量的能量，面也好，饺子也罢，都是热的，能快速让身体变得暖和起来。过去的生活条件远没有现在好，因此吃热的食物、吃高能量的食物，是帮助人类御寒的最佳方法。

冬至就该吃面！

冬至应该吃饺子！

昼短夜长，晚起早睡

冬至前后，全国差不多都进入了一年中气温最低的阶段。越往北，温度越低，白天的时间越短，晚上的时间越长，越能感受到冬天的酷寒。除了穿上厚厚的衣物、吃热腾腾的食物，人们还需要让屋子变得暖和，才能抵御零下一二十度，甚至更低的气温。南方一般是烤火，北方主要是烧炕。这段时间里，大自然的不少动物都开始冬眠，让身体的消耗降到最低。昼短夜长的冬天，人其实也要躲避寒冷，多多休息，让身体储备更多的能量。在做好防寒保暖、正常进补的基础上，冬天睡觉时间可以早一些，早晨起床时间晚一些，这种早睡晚起的作息能让人在冬日里保持更好的精神状态。

立冬　小雪　大雪　**冬至**　小寒　大寒

冬天天黑真早啊！

是啊，还没玩够呢。

我眼里的冬至

冬至悄悄地来了，你周围的大自然有什么不一样的地方吗？写一写或画一画，把你的发现记录下来吧！

小寒

每年公历1月5日～7日交节。

小寒是二十四节气的第二十三个节气，
我国大部分地区进入一年中最寒冷的时候。

小寒，原来如此

　　小寒和后面要提到的大寒，与夏季介绍的小暑、大暑一样，它们都是表示气候冷暖变化的节气。

　　冬至之后，北方的冷空气陆续南下，带来一波又一波降温，气温持续下降，冷的感觉越来越强烈。古人认为，冷气积聚久了，就可以叫"寒"，古书中也提到："凉是冷之始，寒是冷之极。"由此可见，从小寒开始，我国大部分地方就要进入一年中最冷的时期了。根据历史气象资料的记载，北方大部分地区，小寒比大寒还要冷，只有少数年份例外。

小寒三候

初候，雁北乡

进入小寒初候，在南方过冬的大雁休整完毕，开始往北方的故乡迁徙。古人把此时大雁北飞的现象称为"雁北乡"。

二候，鹊始巢

到了小寒二候，喜鹊逐渐在枝头活跃起来，它们开始衔枝筑巢，并且有意将巢门朝着南面向阳的方向。

三候，雉始雊（gòu）

"雉"指的是野鸡，而"雊"是"野鸡叫"的意思。古人发现小寒三候时可以听到野鸡的鸣叫声，于是用"雉始雊"来总结这个阶段的物候变化。

小寒花信风

一候梅花

梅花品种多样，花色有的雪白，有的紫红，有的淡粉，味道清香而淡雅。梅花非常耐寒，是冬季花卉的代表，位列中国十大名花之首。

二候山茶

山茶花种类繁多，各个品种都姿态优美，叶片翠绿光泽，花朵大而红艳，这在冬末春初万花凋谢之时非常难得。因此，山茶花古往今来都是上好的观赏花卉，是中国十大名花之一，也是世界名贵花木之一。

三候水仙

水仙花是冬天很受欢迎的花卉。小寒末期才开花的水仙，花姿迷人、素洁幽雅、气味芳香，有"凌波仙子"的美称。寒冬腊月盛开的水仙能给人春意盎然的感觉，古人经常把它当作"岁朝清供"的年花来庆贺新年。

古人说小寒

寒夜

宋·杜耒

寒夜客来茶当酒，竹炉汤沸火初红。

寻常一样窗前月，才有梅花便不同。

译文

寒冷的夜里有客人到来，于是以茶代酒，竹炉上的茶汤已经沸腾，火苗开始变红。要是只有月光照映在窗前，那和平时没什么两样，但有了幽幽开放的梅花，就不同往日了。

小寒古谚语

小寒大寒，冷成冰团。

小寒大寒不下雪，小暑大暑田开裂。

小寒时处二三九，天寒地冻北风吼。

小寒为什么格外冷

还记得上一节提到的"数九歌"吗？"不出手"的"三九"时节，大约就是小寒节气了。

为什么到了小寒节气，我国绝大部分地区会格外寒冷呢？因为这个时候，虽然一年当中黑夜最长、白昼最短的冬至日已经过去，但夜长昼短的局面没有改变，加上冷空气依然活跃，地表储存的热量消耗殆尽，因而温度降至最低。这一点越往北，体现得越明显。正是因为这个原因，北方地区的小寒节气，比接下来要介绍的大寒更冷，是一年中最为严寒的时节。

南方地区的寒冷会稍微晚一些，毕竟越往南走，白昼时间越长，黑夜时间越短；冷空气在由北往南横扫大陆的过程中，影响力也在逐步减弱；加上南方地区夏秋时节地表吸收的热量要明显多于北方地区，到小寒时节，地表的余热还没有完全散尽，因而南方地区一年中的最冷时节，往往比北方地区要晚半个月左右。

这么冷，别出去了。

我们去打雪仗吧。

干冷和湿冷

正如大暑节气中提到的，相同气温下，南北方的热感完全不同一样，冬天里，相同气温下的冷感，南北方也有很大差异。前面介绍过，出现这种不同，是因为天气预报播报的是"气温"，而人们身体感受到的是"体感温度"，后者会因为湿度、风力、日晒程度等因素的变化而产生巨大差异。

举个例子，同样是0℃的晴天，人在北方地区会比南方地区感觉暖和得多。如果此时的南方地区还下着雨，人们往往会用"冰凉"来形容这一天的感觉。这是因为，北方的秋冬季节，空气非常干燥，身体散发的热量不容易被传导出去，只要穿上足够厚的挡风保暖衣物和鞋袜，就能抵御严寒。南方则不一样，即便是秋冬时节，空气也比较湿润，这种情况下，身体散发的热量很容易流失，衣服穿得再多，依然觉得冷飕飕的。正因为有这样的差异，人们将北方的干冷形容为"物理攻击"，而把南方的湿冷称为"魔法攻击"。

不过，可不要因此就不把北方的干冷当回事。要知道，赶上冬天刮大北风的日子，北方的干冷也会让人瞬间感受到"透心凉"，极端情况下还会威胁人的生命。因此，干冷也好，湿冷也罢，都不要掉以轻心，冬天的防寒保暖是最重要的事情。

今儿北风可真大，怪冷的。

立冬 小雪 大雪 冬至 **小寒** 大寒

"岁寒三友"与"雪中四友"

　　成语"岁寒三友"，出自宋朝文学家林景熙的《王云梅舍记》，它指的是松、竹、梅这三种植物。其中，松树四季常青，就算在酷寒的冬天也安然无恙；竹子枝干挺拔，历经霜雪也能保持青翠；梅花盛放于寒冬，傲雪而独立。古人认为这三种植物在寒冬时节表现出来的特点，与人类坚韧不拔、不屈不挠等优秀品质非常类似，因此将它们合称"岁寒三友"。

松

梅

竹

相对于"岁寒三友"而言，"雪中四友"的知名度没有那么高，里面除了"岁寒三友"中的梅花，还有水仙、山茶和迎春。由于这四种花儿都不畏严寒，都可以在大雪纷飞的时节凌寒而开，于是人们就把这四种花合称"雪中四友"。

水仙

迎春

山茶

过了腊八就是年

　　"腊八"就是"腊月初八"，它是一个非常重要的传统节日，一般出现在气温极低的小寒节气之中。正因为这种时间关系，地方民谚有"腊七腊八，冻掉下巴"的说法。

　　相对而言，北方地区过腊八的氛围更为浓厚，这是因为古时候北方的冬天几乎不适合作物生长，人们没有农活可干，是一年之中最为清闲的时候，"冬闲"说的就是这段时间。于是，人们选择此时野外打猎，将捕获的猎物风干做成腊月祭祀的贡品敬献诸神和祖宗。这些腊月祭祀的贡品，后来慢慢就演变成了前面介绍的腊鱼、腊肉等腊制食品。由于腊月祭祀的主题和春节相似，都是感谢上苍保佑、祈求人寿年丰等主题，加上时间也相近，因而慢慢在民间形成了"过了腊八就是年"的讲法。

明天就过年啦，因为过了腊八就是年！

你骗人，过年还有半个月呢！

美味的腊八粥

说起腊八节，就不得不提美味的腊八粥。早在宋朝时，人们就有"过腊八节，喝腊八粥"的习俗。

腊八粥是一种由多种食材混合熬煮出来的粥，没有固定的配方，常见的主料有大米、小米、薏米、绿豆、红豆、大枣、桂圆、核桃、莲子、花生、板栗、玉米等，根据个人喜好，一般是从中任选八种，将它们洗净，加水煮熟后即可食用。

立冬 小雪 大雪 冬至 小寒 大寒

我眼里的小寒

　　小寒悄悄地来了，你周围的大自然有什么不一样的地方吗？写一写或画一画，把你的发现记录下来吧！

大寒

每年公历 1 月 20 日 ~ 21 日交节。

大寒是二十四节气的最后一个节气，
北风呼啸、大雪纷飞成为常态。

大寒，原来如此

　　大寒不仅是冬季的最后一个节气，也是二十四节气的最后一个。过完大寒就是立春，我们将迎来新的一年。

　　按照大暑比小暑更热的逻辑，大寒应该比小寒更冷。但实际上，由于我国的国土面积非常广阔，南北气候差异非常大，大寒更冷的说法更适合南方地区。南方最为湿冷的日子，往往集中在大寒时节。

大寒三候

初候，鸡始乳

"乳"在这里是"孵化"的意思。古人发现，到了大寒前后，母鸡开始孵蛋，这种物候变化就是"鸡始乳"。

二候，征鸟厉疾

"征鸟"指的是鹰隼之类能远距离飞行的猛禽，而"厉疾"有"迅猛"的意思。征鸟厉疾，意思就是鹰隼之类的猛禽此时会更加强悍，捕获更多猎物确保自己安然度过严冬。

三候，水泽腹坚

和立冬"初候，水始冰"不同，此时北方的河流、湖泊中心的水面上都结着坚硬厚实的一层冰，足以说明此时的寒冷程度。不过，冬天最冷的阶段已经来临，温暖的春天还远吗？

大寒花信风

一候瑞香

瑞香是一种四季常绿的直立灌木，外侧花瓣多为淡紫色，花朵不大但数量很多，气味芳香且浓烈。由于盛开的时间刚好在春节前后，古人认为这是祥瑞的表现，便称它为"瑞香"。由于瑞香的树姿潇洒美观，故它又有"蓬莱花"的别称。

二候兰花

二候兰花指的是春兰，花色淡雅，以嫩绿、黄绿居多，气味清幽。不过，相比兰花，古人更爱它的叶。兰叶终年鲜绿，姿态优美，就算不在开花期间，也是一件活的艺术品，因而又有"观叶胜观花"的美誉。

三候山矾

每年冬末春初时，生长在低海拔地区的山矾就会悄悄开花。单朵的山矾低调素雅，白白的小花也不是特别醒目，但成千上万朵山矾一起在枝头绽放时，如霜胜雪的景象还是非常壮观的。

古人说大寒

苦寒吟（节选）

唐·孟郊

天寒色青苍，北风叫枯桑。

厚冰无裂文，短日有冷光。

译文

严寒时节的天空呈现出深青色，凛冽的北风在干枯的桑树间呼号。

厚厚的冰层上看不见一点儿裂纹，昼短夜长的冬日里只有清冷的阳光。

大寒古谚语

大寒大寒，无风也寒。

大寒不寒，春分不暖。

小寒大寒多南风，明年六月早台风。

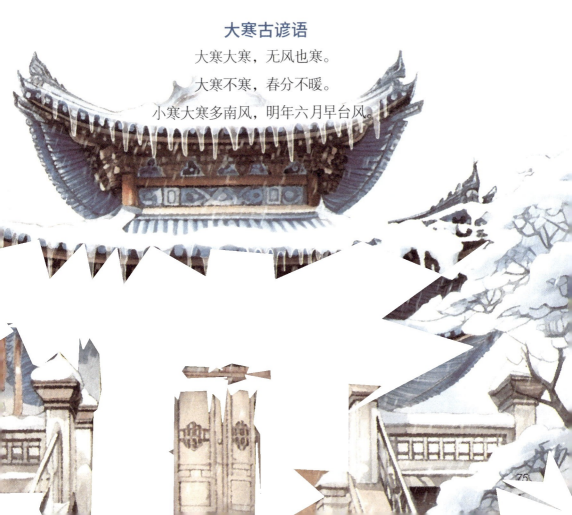

最忙的农闲时光

天寒地冻的大寒节气，虽然正值农闲，但家家户户都忙个不停。因为大寒之后再过大约半个月，新年即将来临，人们要为辞旧迎新做一系列的准备，这就是"大寒迎年"。

古时候的大寒迎年，风俗活动非常多，大致归纳起来可以分为十类：食糯、纵饮、蒸供、腊味、做牙、趁墟、赶婚、除尘、糊窗、洗浴。其中，"做牙"指的是"做牙祭"，原指一种祭祀土地公的仪式，俗话"打牙祭"就是源自这里；"趁墟"，其实就是赶集的意思，在这段时间集中采买年货；至于"糊窗"，就是用新的纸把窗户重新糊一遍，新年前糊窗户，不仅为了美观，也为了换来吉祥如意。

也正因为要做的事情还很多，这半个月也算得上是一年的农闲时光当中最忙的日子了。

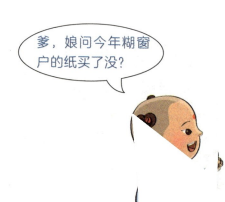

我想想。

爹，娘问今年糊窗户的纸买了没？

能 "消寒" 的米糕

古时候，在大寒节气当天，民间有"食糯"的习俗，也就是吃用糯米制成的食物，"消寒糕"就是其中之一。

消寒糕本质上是一种年糕，主要成分是糯米、红糖、红枣等。糯米的含糖量比普通大米更高，食用后能给人带来更多能量，觉得全身暖暖的，有利于抵御严寒。古人发现了糯米的这种特性，就形成了吃糯米驱寒的习俗。红糖和红枣在中医里也都是养生活血之物，与能驱寒的糯米组合在一起，给人体补充的能量多了，身体的御寒能力自然就变强了。

另外，"糕"和"高"同音，大寒时节吃消寒的年糕，还预示"年年高"，因此吃消寒糕不仅有冬季养生的目的，背后还隐含着美好的愿景，久而久之也就成了一种习俗。

真香啊，这是啥呢？

听娘说是"消寒糕"。

立冬 小雪 大雪 冬至 小寒

大寒

扫尘迎春

扫尘迎春很好理解，就是打扫尘土，迎接新春。古时候，人们认为打扫不仅仅是为了让生活的环境更卫生，还能将不祥的运气扫走，民谚中就有"家家刷墙，扫除不祥"的说法。正因为这种认知，过去的人们扫尘迎春时都非常仔细，从锅碗瓢盆到被褥枕头，统统要擦拭、清洗干净，连院子的墙角、排水的沟渠都不放过。此外，人们还会在年底时用洗浴的方式给自己"扫尘"，把一年的晦气和烦恼都清扫干净。

这种彻底打扫的背后，体现的是人们对来年好运气与幸福生活的向往。

每年公历1月20日~21日交节

糊窗纸，剪窗花

窗花是一种贴在窗户上的剪纸。古时的窗户都是木头做的，人们在窗户格上糊白色的"皮纸"来挡风御寒。逢年过节更换窗户纸，就是大寒迎年习俗中的"糊窗"。为了体现过年的氛围，同时表达除旧迎新的愿景，人们还会给这些白色的皮纸做一些装饰，这些装饰就是窗花。

新年的窗花一般都会融入一些寓意美好的事物，如鱼、鸟、牡丹、莲花等，表达连年有余、贵花祥鸟、喜庆吉祥等美好的愿望。

立冬　小雪　大雪　冬至　小寒　**大寒**

79

忙年歌

　　与大寒迎年习俗有关的那些事，特别是小年期间，也就是立春前大约一周要做的事情，人们都总结在了一首名叫《忙年歌》的民间童谣之中。这首童谣在北方大部分地区都很流行，不同地区的版本稍有不同。

小孩儿小孩儿你别馋，过了腊八就是年；

腊八粥，喝几天，
哩哩啦啦二十三；

二十三，糖瓜粘；

二十四，扫房子；

二十五，磨豆腐；

二十六，去买肉；　　　　二十七，宰公鸡；

二十八，把面发；　　　　二十九，蒸馒头；

三十晚上熬一宿；　　　　初一、初二满街走。

我眼里的大寒

　　大寒悄悄地来了，你周围的大自然有什么不一样的地方吗？写一写或画一画，把你的发现记录下来吧！